COLLECTED ESSAYS

尋味東西

最懂中國菜的英國美食作家，打破美味偏見的真心話與大冒險

扶霞．鄧洛普——著　何雨珈——譯

FUCHSIA DUNLOP

目次

推薦序
跟著扶霞吃東西

有次參加晚宴，鄰座是位能講中文的德國男士。他不僅可以熟練地使用筷箸、湯匙，甚至還會像中國食客一樣，入鄉隨俗地用公筷給周圍的人夾菜。主持人介紹，這位老兄是一家車企的中國區老總。

席間的話題自然離不開美食，「中國通」侃侃而談，刀工火候、煎炒烹炸、四大菜系什麼的，理論水平很高。我由衷地讚歎他「對中餐的瞭解程度幾乎可以和扶霞相比了」。他先禮節性地接受了我的恭維，然後問我：「您說的扶霞，是……？」我解釋說，鄧扶霞，是我們美食紀錄片的顧問，寫過好幾本關於中餐的書，是一位英國作家。他更吃驚了：「英國人，美食作家？您是認真的嗎？」

今天的世界充滿各種各樣的成見，所謂的「信息繭房」說的就是這個。尤其是在美食領域，什麼人有資格談論美食？英國是不是一個「暗黑料理」的番邦？這些可能都是讓一些人亢奮的話題，但扶霞從來不care這些。

扶霞年輕時，不遠萬里來到東方求學，偶然的機緣，開始對中國飯菜產生興趣。從學做菜入手，她逐漸積累，開始以烹飪技術及其背後文化的角度，向英語世界介紹中餐。一些中餐技巧，比如「熘」，比如「煒」，這些細微的差異，扶霞都能用準確的語言傳達給自己的讀者。當然，這些也都得益於她留學中國期間在四川高等烹飪技術專科學校的學習。

在歷史上，我們一直用「東」和「西」來劃分地球上的人口，所處的地理空間往往決定了我們的視野，再加上語言的障礙，要想真正做好溝通並不容易。就拿中菜的譯名來說，有中餐廳把夫妻肺片註釋成「husband and wife's lung slice」，童子雞則是「chicken without sexual life」，確實讓人哭笑不得。

我說扶霞是個非常好的翻譯，不只在語言文字領域。對中文文本的理解，加上對英語接受環境的熟悉，使得中餐體驗中一些很難用文字傳導的感受，恰好被扶霞很精確地傳達出來。

比如說，中餐的「清淡」很難用英文詞彙形容，往往因為被翻譯為「bland」（無味）和「insipid」（乏味）而少有人問津，導致中國食物油膩辛辣成了西方人的刻板印象。而在她的筆下，「清淡蔬菜」是對「油膩辣菜」的平衡，「清口小湯」是讓一頓「簡單肉蔬」多樣化的絕佳幫手。因而「清淡」的存在，是中國人對多樣餐飯的經營，更是對一種「平衡」境界的追求。這就不是認識意義上的事情了，它上升到了審美的層面。

同時，扶霞也是一位非常嚴肅的文化學者。在這本書裡，她用輕鬆的筆墨寫到了中國人離不開的醬油、風靡西方的左宗棠雞和宮保雞丁，既有趣又非常嚴謹，體現了她的專業素養。「最懂中餐的西方人」，這個稱號絕對實至名歸。

扶霞一直筆耕不輟，向西方世界介紹中餐，改變著那裡的人們對中國的固有想像。在過去長達二十年的時間裡，扶霞幾乎一半時間在中國度過。她不斷在這片廣袤的國土上尋味，尋找那些能夠體現文化多樣性的飲食樣本。扶霞捏著鼻子吃了很多「高格鬥係數」（讓西方人感到挑戰和冒犯的）食物，漸漸發現了其中的美好，並且難以割捨。

她認為，在中國長期生活的經歷，不僅是對她味蕾的「再教育」，也是思想上的脫胎換骨。用她自己的話來說，那就是終於「能對關於中餐的西方偏見說『不』」。比如對於中國人吃「下水」這件事情，傳統西方人一直認為源於中國人生活的「貧窮和絕望」，而扶霞認為這是「敬天惜物」，「更何況，這有多麼美妙的口感」。

另一方面，扶霞的溝通是雙向的。推介中餐的同時，她也在向中國餐飲同行展示世界美食的精彩。在書中我們可以看到，她不停地帶著中國的飲食工作者去體驗西方的主流飲食，與當地廚師進行交流互動，讓雙方增強了解。

這是搭建橋樑的工作。除了翻譯，扶霞更像導遊。她既可以如「仁慈的獨裁者」一般，為朋友排一個細緻周全的中餐菜單，也會在紐約中央車站的 Oyster Bar 爽爽地吃一頓生蠔（三年前我甚至按這個菜單原地原樣複製了一次），這就是所謂的「吃貫東西」吧。

和扶霞認識不過五年，但在見面之前我就拜讀過她的《魚翅與花椒》，感覺在食物方面和她有很多一致的看法。生活裡的扶霞是一個和善、開得起玩笑又有自嘲勇氣的人，很多文章讀起來都會讓人啞然失笑。

在這本文集裡，我最喜歡讀的是扶霞自己生活的故事，尤其是那篇「希望靠抓住男人的胃來籠絡他們的心」的文字。非常遺憾的是，老外的胃和心距離隔得太遠，她不斷嘗試都沒有成功。

扶霞的人生榜樣是一本圖畫書裡的小女孩澤拉達，她「讓一個食人妖明白了這個世界上有比小孩更美味的東西，從而拯救了整個小鎮」[1]。最重要的是，澤拉達和食人妖結了婚，對方蓬亂的鬍子下還有著一張英俊的面孔。但現實很骨感，她沒有等到自己的「食人妖」。餐桌上相對無語的，或是素食主義者，或是美食感官系統和發達大腦無法連接之人。

如果你是一個熱愛美食、熱愛生活的人，那麼扶霞的文字肯定是你的菜。如果你一日三餐味同嚼蠟，我覺得這本書不讀也罷。

陳曉卿（美食紀錄片《風味人間》總導演）

二〇二三年三月

---

1 編按：此指湯米・溫格爾（Tomi Ungerer）的繪本作品《小女孩與食人妖》（*Zeralda's Ogre*）。

序
張嘴吃飯，敞開心扉

到加州納帕谷的「法國洗衣房」（The French Laundry）美餐一頓是我的夙願，畢竟，那裡被公認為北美最高級的餐廳。傳言要訂到「洗衣房」裡的一張桌子根本不可能。所以，當我找了關係終於搞定預訂的時候，那感覺可謂欣喜若狂。然而，那是在二〇〇四年，在遙遠的中國，大多數人都沒見識過好吃的異域餐食。跟我去「洗衣房」的三位「飯友」是頂級川菜廚師，他們以前從未到過所謂的「西方」，對所謂的「西餐」也知之甚少。於是乎，我們四個都經歷了一場叫人坐立不安的怪異晚餐（欲知詳情，請參見本書〈四川大廚在美國〉一文）。

那晚的餐食，在我看來堪稱美妙絕倫，三位川菜大師卻認為有可指摘，比如沒煮熟的羊肉，融化成乳脂狀的東西，還有甜點竟然要上好幾道，真叫人起膩。那是我第一次透過中國人的黑眼睛去看「西餐」：他們是頭一遭見識，還要加上文化衝擊，「殺傷力」倍增。我也真是大開眼界，永誌不忘。我突然就明白了，自己所熟悉的食物，在外人看來是多麼陌生而奇特；正如我的同胞們也會對海參、雞爪等中國美食側目，視為怪異。幾乎全體歐美人都會認為「法國洗衣房」的餐食美味超凡，但他們的觀點並非四海歸一。大廚喻波當時說道：「都很有趣，但我就是說不出來到底是好是壞——我沒有資格來評判。」這話很是精闢，時至今日仍引起我的共鳴。

我在帶有回憶錄性質的美食札記《魚翅與花椒》中寫道，過去四分之一個世紀以來，我有幸在中國品嘗到許許多多特別的食物。很久以前，我便立誓要「什麼都吃」；西方世界有許多「什麼能吃」和「什麼不能吃」的偏見，我絕不會因此對食物望而卻步。我明白，中國的飲食文化之博大精深，在全世界都是翹楚，其多樣廣博與精緻成熟，更是無與倫比。我的理由很充分：在這樣一個美食的國度，如果大家都視某種食物為珍饈佳餚，那一定也值得我好好關注。這種冒險精神得到了豐厚的回報。我品嘗中餐，認識「生產」這些盤中美味的人們，也和中國朋友們分享美食，真乃人生樂事。瞭解得越多，我就越是著迷：中餐包羅萬象，大廚們匠心獨運、才華橫溢地做出美味無比的餐食，這一直以來都叫我歎為觀止。

文化壁壘擋不住誓撞南牆的我，我也因此品嘗到很多不可思議的絕妙食物，其中的一些會被我的英倫同胞們視為離奇，甚至深感厭惡反胃。如今，我最喜歡的食物中，有些食材從文化視角看依然會被歸入「怪異」的範疇，比如魚肚和牛筋、魚頭和豆腐。我也陪著許多中國朋友進行了他們人生中頭一遭在「西餐」世界的正經冒險。大家一起去倫敦、雪梨和杜林（Torino）等地的餐廳吃飯，我見證了他們的第一反應，通常都是一言難盡，交織著欣賞與不安；這種種反應，從根本上改變了我對中餐與西餐兩者的理解。如今的我，熱愛用清淡的中餐湯品，搭配比較「乾」的菜餚；比起沙拉，更喜歡吃炒的青菜；如果在美國的餐廳連續吃上幾個星期，我通常會覺得那些食物太「上火」了。自己在家的話，我大部分時候都會做中餐來吃，也經常採取中國文化中的「食療」之法應對自身的小病小痛。

都說出外旅行和學習外語可以「開拓眼界思想」，我的經歷恰恰佐證了此言不虛。儘管我的重點一直是美食，但很多時候都在進行跨文化的飲食冒險，從那頓「法國洗衣房」的晚餐，到為外國人做導遊在中國進行美食之旅，再到為紹興的餐飲專家們安排「重口味」歐洲起司品嘗會（詳見本書〈在中國吃起司〉一文）。這些經歷徹底改變了我的人生，不僅是對我味蕾的「再教育」，也是思想上的脫胎換骨，讓我不僅能對關於中餐的西方偏見說「不」，也能從他者的視角看待自己的文化。

這些經歷也一直提醒著我，憎惡與喜歡在很大程度上需要「相對而言」。我眼中的「習以為常」，在你看來可能「陌生怪異」，反之亦然；你謂之「發酵」，我視為「腐爛」；你食之「美味」，我感覺「噁心」。如此總總，不一而足。一涉及文化偏好，「正確」和「錯誤」的概念往往難以準確界定。英語裡的老話說得好，「剝貓皮的辦法不止一種」(there is more than one way to skin a cat)，意即「條條大路通羅馬」。我自然與芸芸眾生一樣，有個人好惡；但時至今日，內心深處也明白一個道理：這些好惡並不絕對。既然我一個英國女子能學著去享受紹興的霉莧菜梗（詳見本書〈紹興臭霉，又臭又美〉一文），那麼只要願意，任何一個中國人也會循序漸進地愛上藍紋起司。

我用英語寫作，一直以來都努力為西方讀者奉上關於中餐的新視角，並讓他們由此對中國文化有個整體上的新認識。我致力於脫離自身的文化背景，擯棄各種先入為主的西方成見，以公平、全面與理性的方式來書寫中國的飲食與烹飪傳統，包括「吃狗肉」和「加味精」等有爭議的話題。無論是西方人接觸中餐，還是中國人接觸西餐，都會產生障礙和困難，我努力地去理解雙方，有時候為他們提出新的解決途徑（本書的〈中餐點菜，是門藝術〉一文帶你瞭解中餐的點菜要訣；〈中式餐配酒〉探討了葡萄酒與中餐菜品的搭配問題）。

原本，我從未想過自己的作品會被翻譯成中文，自己寫的東西會被中文讀者所熟知。二〇一八年，《魚翅與花椒》中文版付梓，收穫各種肯定，讓我頗受鼓舞。聽說很多中文讀者覺得，在這個老外筆下，自己的飲食文化既令人驚奇又發人深省。我猜他們這種反應，有那麼一點兒像在「法國洗衣房」和三位川菜廚師吃飯的我——各種既定的看法土崩瓦解，頓悟到如果立足點不同，整個世界的樣貌都會發生巨大改變。

自古以來，西方人就對中餐有著許多可怕的刻板印象，傳播最廣（也是最荒唐）的，便是中餐的「廉價」、「怪異」和「不健康」。不過，中國人對西餐的諸多看法也頗為刻薄偏頗：他們通常會覺得西餐「簡單」、「乏味」，除了三明治和漢堡之外就沒什麼花樣了。我希望自己的英文作品能夠促使西方讀者擯棄偏見，重新思考對中餐的態度；也希望它們被譯者何雨珈翻譯成中文後，能讓中文讀者以全新的視角去審視自己對所謂「西餐」的成見。

文化多樣性能讓我們都更為充盈豐富。生物多樣性既讓世界美妙無比，又是一種很有價值的資源；文化多樣性也是如此，為我們提供多種多樣的視角，讓我們不斷成長與發展。這種進步不僅體現在飲食上，也關乎我們與整個世界的關係。我相信，中餐為西方人提供了更為健康與可持續飲食的寶貴洞見。而從十六世紀辣椒由美洲出口以來，到如今在法式甜品中加入中餐食材的時尚，中餐烹飪傳統也因為西方的影響變得更為博大精深，從前如此，以後也一樣。

往深了說，雖然世界之大，人們的飲食都不盡相同，但像「正確」與「錯誤」、「正常」與「奇怪」這樣的概念，很少能下絕對的定論。想明白這個道理，其意義遠超於單純的美食。我從事寫作，主題是食物，當然部分也是因為喜歡，以及個人所迷戀的東西：我就是純粹地喜歡吃中餐、做中餐和思考中餐。但我的工作也將我帶入兩堵「偏見之牆」的中間地帶——一堵牆是西方對中國的偏見，另一堵是中國對西方的偏見。我身處兩堵牆之間，得以看清兩種偏見都是根基不足、謬以千里。

當今世界，局勢複雜，我們比以往任何時候都更需要努力去相互理解。食物，往往是我們接觸某個異國文化的第一媒介，也是個完美的演武場，讓偏頗的成見接受挑戰，讓各類差異接受試煉，並讓我們嘗試從新的途徑去了解曾經視為陌生怪異的東西。因此，親愛的中國（文）讀者們，我既希望你們能夠喜歡本書中關於中餐與文化差異的種種思考，也邀請你們跟隨我進入兩堵牆之間的地帶，試著品嘗一下臭起司——嘴巴嘗嘗，思想也「嘗嘗」。

一如我既往被譯介為中文的作品，本書依然由何雨珈承擔翻譯工作，在此我衷心感謝她貢獻了出色的譯筆；也感謝上海譯文出版社優秀的編輯們，感謝在我將近三十年（天啊，不敢相信都三十年了！）中國美食冒險生涯中有幸相遇的良師益友們。〔2〕

希望這本與美食相關的書也能成為大家的「精神食糧」（英語裡有個短語叫「food for thought」）。

還有好話一句想奉送給各位，遺憾的是在英語裡找不到合適的措辭，所以，送您一句法語：bon appetit（好胃口）！土耳其語：Afiyet Olsun（用餐愉快）！還有中文：慢慢兒吃！

扶霞

2 編按：本書係由上海譯文出版社將扶霞發表過的文章結集成書，麥田出版取得作者扶霞授權出版繁中版，並由上海譯文授權使用中文譯稿。

扶霞・鄧洛普

尋味東西

第一部分

吃東吃西

四川大廚在美國

（發表於《美食雜誌》，二〇〇五年八月刊）

寒冷的秋夜，我們坐在露臺上，沐浴在從窗戶那邊溢出的暖光之中。用「興奮」來形容我此刻的心情都是輕描淡寫了。我之所以懷著如此強烈的期待，一是因為這是我第一次來「法國洗衣房」，這家餐廳位於加州的楊特維爾（Yountville），是大廚湯馬斯・凱勒（Thomas Keller）的高級料理殿堂〔1〕，我迫不及待地想品鑑看看它是否不負盛名。不過，還有更重要的原因：我今晚的「餐友」是三位傑出的大廚，他們來自四川，那是中國美食的集大成之地。蕭見明，四川省會成都「飄香老牌川菜館」總廚，曾為中外國家元首掌勺。喻波，經營著著名的「喻家廚房」，他對四川美食傳統進行了大膽的傳承改進，也因此聞名。蘭桂均，堪稱「麵條宗師」，擁有一家「鄉廚子酒樓」。這三人都是第一次來到西方國家，之前也沒有真正接觸過中國概念裡的「西餐」，所以，我除了自己對這頓飯抱有期待之外，也很想看看他們的反應。

在驅車經過二十九號高速前往餐廳的路上，我想給客人們做點「餐前心理準備」，就隨口一說：「你們很幸運哦，因為我們要去全世界最棒的餐廳之一。」

「全世界？」蘭桂均表示質疑，「誰封的？」

這個疑問對接下來發生的事情做出了清晰的預示。

就我個人而言，這頓飯是超出預期的——餐廳裝修低調奢華，服務禮貌親切，當然還有我為在座的大家點的「主廚親點」菜單，一共十四道菜。像「牡蠣珍珠」這樣的特點佳餚和我想像的一樣精彩。油煎紅鯛魚片，搭配酸甜橙和「入口即融」的菊苣，堪稱琴瑟和鳴，實乃天作之合。這一盤盤食物中真真蘊含著詩意：崇高享受，引人入勝。

然而，在我自己漸入佳境地享受著這頓叫人完全心滿意足的晚餐時，卻不得不

1 湯馬斯．凱勒，美國大廚，多次被評為美國最佳廚師。他最知名的餐廳就是位於加州的「法國洗衣房」，該餐廳多次獲得國際大獎，從二〇〇五年至今一直保持著米其林三星。——譯者。除〈左宗棠雞奇談〉一篇外，本書所有註釋，若無特殊說明，均為譯者注。

注意到「餐友」們與我的體驗感受大相徑庭。三人中最有冒險精神的喻波，下定決心要盡情品味每一口，並仔細研究這頓飯的排布和構成。他全神貫注，神情莊重。但另外兩位只是在強撐。我崩潰而清晰地意識到，對他們每一位來說，這都是一次千困萬難、十分陌生又極具挑戰的經歷。

我們開始用中文談論這頓飯。他們解釋說，第一道菜中「沙巴雍」（sabayon）的那種奶油感不太對他們的胃口。還有叫人驚訝的一點：即便重味重鹽的醃製菜在中餐裡占據著重要的一席之地，他們還是受不了搭配龍蝦的醃漬尼斯橄欖，覺得味道太濃烈。「吃著像中藥一樣」，三人意見一致。

我在這一餐品嘗到了美食生涯中最完美的羊肉，但他們三人卻覺得太生，生得令人震驚。（蕭見明碰也不碰，「太不安全了，非常不健康。」）一系列美味的甜點在他們看來有點「無事包金」[2]，畢竟在他們的飲食文化中，甜食並沒有那麼重要。（但奇怪的是，他們唯一吃得津津有味的一道菜，是椰子雪葩。）巨大的白色餐盤上只放了一人份的少量食物，這樣的擺盤方式也叫他們困惑不已。這頓飯採用了「俄式上菜法」[3]，時間較長，也讓他們覺得太過難捱，彷彿永無止境。

這頓飯讓我頗感震撼的是，在某種抽象的層面上，托馬斯・凱勒的菜竟與最精緻的中餐有著很多共同之處，比如上等的食材原料，包含其中的非凡智慧與匠心獨運，以及在微妙之處注重味道、口感與色彩的和諧共鳴。然而，這一切飲食理念的實體表達，也就是我們面前這一道道菜品，卻像是來自另一個世界。

「這個我該咋個吃呢？」喻波問道。那道叫我吃得欲仙欲死的紅鯛魚，卻讓他煩惱疑惑。他那摸不著頭腦的樣子，恰如一個西方人面對人生的第一碗魚翅湯、第一盤海參或第一份炒鴨舌。我常在中國看到這樣的情景，但這還是我第一次站在另一邊的角度去見證剛好相反的情況。

三位大廚並沒有很多西方人在中國那樣的傲慢，死守著自己的偏見不放。蘭桂均承認：「只是因為我們不懂，就像語言不通。」喻波甚至更為謙虛，他說：「都很有趣，但我就是說不出來到底是好是壞——我沒有資格來評判。」

作為一個菜系，川菜成熟精緻，可與法餐媲美；因其風味多樣，在中國頗負奇名。然而，根據蘭桂均的觀察，在西方，「大家簡單粗暴地給川菜貼上『很辣』的

2 四川方言，意為「沒事找事」。

3「俄式上菜法」，即按照「前菜—湯—副菜—主菜—甜品」的順序分別上菜，每次一道，隨吃隨撤，讓每道菜在最適宜的溫度下被享用。這種上菜的方法在十九世紀初被法餐採納後，逐漸被發揚光大。

標籤，他們完全不知道風味的層次感」。這主要是因為在中國以外，人們很少能遇到貨真價實的正宗川菜。反之，四川人也鮮有機會一品正宗西餐。十年前，西餐在四川幾乎無人知曉。即便到了現在，經濟蓬勃發展，人口流動加劇，橄欖油和起司等食材也因此出現在中國大城市的超市貨架上，但所謂的「西餐」卻仍然把原汁原味折射得漏洞百出，其代表主要是各大連鎖快餐品牌。所以，三位大廚來到加州之前，對我們西方的飲食文化傳統可謂知之甚少。

一開始，他們幾乎什麼都想嘗試，所以我抓住時機，帶他們領略各種陌生的味道和口感。在酒店裡，我「引誘」他們嘗試斯蒂爾頓藍紋起司和洛克福羊乳起司、陳年帕瑪森起司、刺山柑、橄欖和菊苣。各種起司是很特別的挑戰，因為中餐完全沒有這樣的東西（不過它們很容易讓人想起中國的發酵食物——腐乳）。大廚們進行品嘗，禮貌有餘，熱情不足；雖然喻波用了一個很正面的詞「鮮」（就是我們常說的「umami」），來形容藍紋和洛克福的味道。

大廚們此行赴美，主要目的是在聖海倫娜（St. Helena）的美國烹飪學院（The Culinary Institute of America）做展示。在學校吃午飯時，他們表現得很禮貌，往自己盤裡裝的是沙拉和全熟的肉類。去各家餐廳用餐時，他們最喜歡的西餐總是那些與中餐關係最密切的：燒烤豬排、烤雞、南瓜泥。他們唯一吃了個光盤的一道菜，是義式海鮮燉飯：「很是吃得下。」這是他們的一致評價，但又覺得區區一碗湯泡飯竟然收這麼貴的錢，實在太好笑了。

但也有一些我不曾預料到的大忌諱。最突出的就是他們對生食發自內心的厭惡。中國自古以來便把吃生食視作野蠻人的習慣，時至今日，中餐幾乎所有東西也都是煮熟才能吃的。在美國，三位大廚看著端到面前的血淋淋的生肉驚駭不已。在學校吃了兩天自助午餐之後，就連沙拉也讓他們覺得厭倦：「我再吃生的東西，就要變成野人啦。」蕭見明開了個玩笑，露出了一個頑皮的笑臉。

硬殼的酸酵種麵包，他們覺得很硬，嚼不動，吃起來很不舒服。中國人喜歡那種滑溜溜的、軟骨一樣的口感（想想雞爪、海蜇和鵝腸），而大部分西方人對此可謂深惡痛絕。而酸酵種麵包獨特的口感似乎一時半會兒在中餐裡還找不到能與其對應的食物。大膽的喻波一直在品嘗和分析一切，即便另外兩位大廚已是意興闌珊。我饒有興味地觀察著喻波咀嚼人生的第一口洋薊心，品嘗楓糖漿，深吸一口氣，感受有史以來第一縷上乘紅酒的酒香。

我仍然一心想給他們機會欣賞讓西方人讚不絕口的各種食物，所以有一天我們開車去了柏克萊的「潘尼斯之家」(Chez Panisse Café)〔4〕。我點了生蠔。對這種軟體動物,蕭見明是碰都不願意碰。蘭桂均吃了一個,只是為了迎合我。喻波則讓我心滿意足,他覺得這輩子的第一個生蠔挺特別,吃得心情愉悅,甚至大膽地拿起了第二個。我問他味道如何,他猛點頭表示認可:「不錯,不錯,有點像海蜇。」主菜更成功一些,他們說義式煎小牛肉火腿卷配南瓜泥,以及鷹嘴豆燉鍋裡的蛤蜊,都比較符合中國人的口味。

這是一個奇怪的文化態度鏡像。西方人會抱怨在中餐館用餐後一小時就又餓了,而這些中國遊客在美國也經常性地面臨「吃不飽」的問題。一天晚上,在一間餐廳以歐洲餐桌禮儀吃了幾道菜之後,蕭見明明確要求我去問問,能不能上一份簡單的蛋炒飯。這要求在中國特別正常。(餐廳當然做不到了,因為他們根本沒有現成能用的冷飯。)

我們在烹飪學院的第三天,他們寧願選擇一家風評並不好的中國餐館,也不願意再冒險嘗試另一頓精美的西餐了。過完第四天,我們在學院的廚房找到了一個電飯鍋,所以晚飯我們都吃了蒸米飯,配上簡單的辣味韭菜。到美國以來,我還從來沒見過這三人吃得這麼狼吞虎嚥,看著是如此開心和放鬆。

西方人可能認為，中國人有著種類豐富到令人驚訝的食材、中國人愛吃「怪」食，而相比之下，西餐就很「安全」和「正常」。但這些大廚在這個國家的經歷恰恰說明，美食方面的文化衝擊是雙向的。

他們在加州做出的種種反應，讓我想起自己食在中國的早期回憶：我剛到目的地安頓下來的那天晚上，風塵僕僕、疲憊不堪，在一家重慶火鍋店，面前是一桌子奇形怪狀的橡膠一樣的東西，我一個也不認識，更不知道該怎麼吃；我與花椒第一次相遇時，它們被大量地撒在我點的每一道菜裡（「真難吃，受不了」，我在當天的日記裡寫道）；朋友好心地夾了精挑細選的小塊豬腦花放進我的飯碗，我想盡辦法不吃。招待我的中國朋友覺得他們是在給我「打牙祭」，特別優待，而我卻要掙扎著才能把那些食物吃下去，一邊還要強裝出一副勇敢的樣子，真是太難了。所以，我真的特別理解和同情這些中國朋友，他們在這條充滿挑戰的路上邁出了試探性的第一步，還得努力保持禮貌、努力去適應。

在「法國洗衣房」吃完那頓晚餐後，我真是哭笑不得：該笑的是很多外國人在

4 這家餐廳是加州現代餐飲的誕生地，掀起了餐廳使用當地新鮮食材之風。

中國的經歷在我眼前有了鏡像一般的展示；該哭的是我的朋友們沒能欣賞到這頓飯的美妙無比。我很好奇，他們回國以後會不會對其他朋友講述一個個令人震驚的故事，什麼生肉和橄欖之類的，這顯然相當於美國人講中國的蛇羹和蠍子了。

不知為何，我總猜想，在短短幾年後，很多外國風味都能夠成功贏得蕭見明、喻波和蘭桂均的喜愛。中國正在以驚人的速度瞬息萬變，餐飲業也處在持續而迅速的創新當中。近年來，在成都，生魚片、紅酒和蘆筍都逐漸受到歡迎。而你只需要去香港或臺灣，就能找到真正具有世界性和跨文化精神的中餐。

但初遇總是會帶來震盪的，不管你的起點是四川還是加州。大廚們在美國匆匆一瞥，興趣盎然；然而在美食方面，確實是過於新奇了，短時間內很難消化吸收。在旅程的尾聲，蕭見明和蘭桂均已經歸心似箭，要趕緊回四川喝一碗米粥、吃個紅燒鴨、嘗點兒豆瓣醬了。（而喻波則決定在美國繼續待上幾個月。）

盡職盡責地當完導遊和翻譯的我又做了什麼呢？我在一家咖啡館舒服地坐著，點了個漢堡，漢堡肉要五分熟，加一片起司和大量的生菜沙拉。也許有人要說這是野蠻人才吃的東西，但是，天啊，真是太美味啦。

中餐英漸

（發表於《美食觀察家月刊》，二〇一九年九月刊）

一九九六年，我向六家出版商發出了自己的第一本四川菜食譜的計畫書，拒信一封接一封地來。每一封都以這樣或那樣的方式解釋道，對於英國讀者來說，一本中國地方食譜太小眾了。我很沮喪，同時也難以置信。我在四川待了快兩年，吃了各種各樣的東西，每天都為那些吃食歎服。四川並不是什麼落後的小地方，而是一個面積與法國差不多的大省，人口是整個英國的兩倍。在中國國內，川菜與眾不同、令人興奮、名聲在外。魚香茄子與麻婆豆腐的魅力無與倫比，這些編輯應該輕易被我說服，急於去了解才對呀！

現在回想起來，他們的猶豫是完全可以理解的。儘管中國改革開放已久，大部分英國人仍然將其視為一個與他們毫無關係的遙遠國度。在英國，中餐基本上只有單一的模式，就是根據英國人口味進行了調整的粵菜。「中餐」這個概念既讓人熟悉到覺得已經過時，又幾乎沒有人真正瞭解。實際上，那些令人歎為觀止的中國地方菜系，在英國唯一可見的微光，就是那些主打粵菜的餐館菜單上偶爾會提到的「四川」（Szechwan）或「北京」（Peking）風味。倒也有譚榮輝（Ken Hom）、蘇欣潔（Yan-kit So）和熊德達（Deh-ta Hsiung）寫了一些具有開創性的中餐食譜，將來自中國各地的經典美食介紹給英國讀者，但外界仍鮮有機會像探索南歐美食那樣去探索中國的地方美食文化。

歷史上，英國的第一批中國餐館誕生在十九世紀，完全不是為本地顧客而開，而是為了在倫敦東部萊姆豪斯區（Limehouse）、利物浦等城市的碼頭附近駐紮的中國水手。二十世紀初，這個國家少量的中國人口有所增加，因為又來了一批學生，加入了最初那些定居者的行列。他們都遭遇了歧視：一九一三年，作家薩克斯．羅默（Sax Rohmer）的小說《傅滿洲博士之謎》（*The Mystery of Fu Manchu*）讓人們對所謂的「黃禍」——即中國人對白人種族的陰謀——心懷恐懼，並將中國人聚居的萊姆豪斯區描繪成鴉片和犯罪的骯髒溫床，這更是讓歧視的情況雪上加霜。一直到中國餐館逐漸出現在倫敦市中心，它們才開始（慢慢地）贏得那些非中國顧客的喜愛。倫敦西區的第一家中餐館應該是一九〇八年開業的「華夏餐館」（Cathay）；一九三〇年代和一九四〇年代，更多的中餐館湧現，包括華都街（Wardour Street）上頗受歡迎的「來昂中餐館」（Ley On）。

無論從哪方面來看，促使人們對中餐的態度從過去慣常的驚駭幻想轉變為欣賞認可的，正是二戰後從亞洲戰場歸來的軍人們的口味變化。戰後，倫敦等英國城市的中餐數量穩步增長。一九五〇年代末和一九六〇年代初，新一波南粵移民從香港來到英國；隨後，在一九七〇年代，又有數以千計的華裔難民從越南赴英，其中很多人都幹起了餐飲的營生。一些中餐館的確有技術好的熟手師傅，但大部分的外賣店都只招收一些技能低下的移民，提供的餐品也有限，菜式平平無奇，比如炒麵、雜碎、咕咾肉和咖喱。一九六〇年代，倫敦市中心的爵祿街（Gerrard Street）和曼徹斯特市中心出現了中國餐館群，這兩個地方迅速發展，很快成為當地的唐人街。過去的萊姆豪斯唐人街大部分在戰時被炸毀，隨著中餐廳老闆們著重在蘇活區（Soho）發展，從前的那些館子也就慢慢消逝了。

一九九〇年代末，我開始為《閒暇》雜誌（*Time Out*）寫餐廳點評，那時候中餐廳和中餐外賣店已經在全英國隨處可見、不可或缺。大部分餐廳都專做口味清淡的南粵菜餚：點心、烤鴨和掛在窗上的誘人燒臘，還有清蒸海鮮、炒蔬菜和煲仔飯。儘管在倫敦備受歡迎的「江記」(Mr Kong)、「潘記」(Poon's)和「五月花小菜館」(New Mayflower)能夠吃到正宗的傳統粵菜，但很多英國人仍然偏愛適合他們口味的菜餚：香酥鴨、咕咾肉和蛋炒飯。更有趣（對西方人來說還要加上「更具挑戰性」）的菜餚被暗藏在中文菜單裡。在餐飲業，幾乎沒有誰能挑戰廣東人的主導地位。餐館大多由廣東人經營，中餐食材的進口和銷售也多由廣東人主導。專門的川菜配料，比如香味誘人的花椒和來自原產地的郫縣豆瓣，在這裡根本找不到。粵語是唐人街的通用語言，很少有人能講流利的普通話。

過去二十年來，中國逐漸興起為世界文化大國和政治力量，由此掀起了陣陣浪潮，引發了漣漪效應；在此推動下，英國的中餐界發生了一場革命。那些守衛餐飲界的「廣東佬」們大部分都退休了，他們那些在英國接受教育的子女都轉去做了白領。一九九〇年代初，中國開放了國門，從那以後，新一代的中國人（不僅來自南粵，而是全國各地）都有機會去探索世界了。來自其他地區（尤其是東南福建省）的移民進入已開業多年、站穩腳跟的中餐館後廚工作，之後又自立門戶。中國留學生湧入英國的各級學校，中國遊客和其他類型的訪客也越來越多（二〇〇八年到二〇一八年這十年間，中國人赴英的人次幾乎增加了四倍）。

新一代、多樣化的中餐館員工與同樣多樣化的中國顧客形成兩股並行的推動力，在重塑英國中餐業的過程中發揮了同等重要的作用。過去，中餐館的生存之道只有迎合那個時代的英國人口味；如今，尤其是在大學城，新近從中國赴英的人形成了一個大市場，其中很多都是年輕人，他們都想吃到自己在家鄉時喜歡吃的、沒被外國口味影響的菜。而自一九九〇年代後期以來，前面所說的這種「菜」，絕大多數都是四川的辛辣菜餚。

二〇〇一年，我的四川菜食譜終於出版了。那時候，對絕大多數英國人來說，川菜仍然是一個未知數。那個時期我遇到的美食記者從未體驗過上好的花椒在脣上那俘獲人心的麻刺感，也沒有品嘗過麻辣度到位的麻婆豆腐。關於川菜的英文作品很少：兩本美國人寫的食譜（羅伯特·德爾福斯〔Robert Delf〕著《四川佳餚》和艾倫·施雷克〔Ellen Schrecker〕著《蔣夫人川菜食譜》）中首次展現了這種菜系，但都已經絕版，再難尋覓。在西方國家生活的四川人也很少。一直到一九九〇年代我因為偶然的機緣前往四川之前，一個外國人絕不可能像我一樣，能夠去當地為一本中餐地方菜食譜做研究、蒐集食譜，並描述親眼所見的地方生活和文化。我在四川省會成都上的那所烹飪學校，在我之前從未招收過外籍學生。在英國，「Szechwan」（一個比現在常用的「Sichuan」更古老的音譯）只不過是用來籠統地描述中餐館菜單上所有的辣味菜餚。

一九九〇年代，隨著新市場經濟在中國興起，文革後低迷的餐飲業也迸發出活力。中國的經濟生活煥發生機，人們便對中國最活潑刺激的一種菜系產生了狂熱的渴望。川菜館和小吃店在全國各地開張營業；「水煮魚」（在油汪汪的沸騰辣椒海洋中的鮮嫩魚片）和火鍋之類的菜餚迅速流行，勢不可擋。新一波赴英的中國旅居者與移民把他們的飲食時尚也帶到不列顛，這是再自然不過的事情。

在我的四川菜食譜出版前後，倫敦就出現了「川菜館之春」的初期萌芽。我開始從中國朋友那裡聽到一些傳聞，說阿克頓（Acton）和吉爾本（Kilburn）區有小餐館能做正宗的川菜。我去了吉爾本公路上的「安吉利斯」餐館（Angeles），那裡的菜單上有傳統川菜，叫我大吃一驚。二〇〇六年，「水月巴山」（Barshu）在蘇活區開業，川菜這才算是真正進入了倫敦人的餐廳地圖。山東商人邵偉想要開一家位於市中心的高檔餐館，用餐對象瞄準他那些受過高等教育也普遍比較富裕的中國朋友。他召集了一個來自四川的五人廚師團隊，總廚是廚藝高超的傅文宏。餐館的主要調味料從中國進口，並且在開業之前拉我入夥做顧問。從一開始，我們就決定擯棄香酥鴨、咕咾肉等在倫敦占主導地位的中餐，制定一份有中國特色的當代川菜菜單。

中餐業的多樣化越發廣泛，「水月巴山」就處在這股浪潮的前沿。不久，在倫敦、曼徹斯特、諾丁漢、伯明罕、牛津等城市的很多地區，都出現了川菜館，甚至連粵菜館也逐漸在菜單上添加了川菜。在中國上下很受歡迎的川辣火鍋，也開始在英國的專門餐廳裡出現：桌子挖個洞，放上大鍋，一鍋老湯裡漂浮著辣椒。

川辣崛起，來自另一個愛吃辣的省分湖南的湘菜，以及東北菜也借勢來襲。很多新地方菜館一開始並無任何英語宣傳，只是為了吸引中國遊客，菜單更多地反映了中國國內的趨勢，而非當地飲食潮流。倫敦開了「西安印象」（Xi'an Impression）、「魏師傅西安小吃」（Master Wei）、「韓記西安涼皮肉夾饃」（Murger Han）和「西安biangbiang麵」（Xi'an Biang Biang Noodles），於是西安和整個大西北的街頭小吃也開始嶄露頭角。你甚至可以在沃爾瑟姆斯托（Walthamstow）尋找「絲綢之路」：在那裡的「艾德萊絲綢」餐廳（Erles），維吾爾族主廚穆克代斯（Mukaddes Yadikar）會為食客們烹製來自她家鄉新疆的美食。

除了地方美食的百花齊放，中餐業的多樣化也在其他方面有所體現。倫敦開了以特色小籠包聞名的「鼎泰豐」，食客們有著多樣化的選擇，比如米飯配菜，或者吃幾份點心當午餐，或圍坐火鍋飽餐一頓，要麼品嘗種類多樣的包子餃子類點心。人們也可以在「許儒華苑」（Xu）的麻將包間邊吃邊玩。像「海底撈」和「鼎泰豐」這類完全從中國和臺灣土生土長起來的餐館，正與國際中餐品牌競爭。二〇一七年，出生於英國的中餐主廚黃震球（Andrew Wong）以其受到歷史啟發、頗具創造性的系列品嘗套餐，贏得了一顆米其林星星。

在正餐的領域之外，街頭小吃攤和非正式的快閃店也為中餐後廚打開了通往新口味和新風格的大門。在斯皮塔佛德市場（Spitalfields Market）的「餃屋」（Dumpling Shack）能吃到底部香脆的上海生煎包；在馬里波恩區（Marylebone）一間酒吧的地下室有家「劉小麵」，做的是辣味重慶小麵。籍貫上海的莉莉安・盧克（Lillian Luk）在她家的客廳「上海美食俱樂部」（Shanghai Supper Clubs）端上江南家常菜；另一位上海大廚李建勳（Jason Li）以「夢上海」（Dream of Shanghai）為名，在沃平區（Wapping）推出了廣受讚譽的晚餐會客廳。儘管從這些窗口仍然只能微微領略博大精深的中國美食，它們還是打破了對「中餐」刻板單一的舊有成見。

無論是餐館還是家廚，中餐食材調料的供應都發生了轉變。中國超市裡有大量的四川豆瓣醬、新鮮青花椒、四川紅油和朝天椒。就連主流大超市都不再只售賣那些以西方顧客為目標的中國品牌，而是同時引入了華裔顧客喜愛的品牌，比如「李錦記」的調味料和以叫人上癮著稱的「老乾媽」辣醬和豆豉醬。也許中餐食品種類最豐富的地方仍然是唐人街和中國超市，但也有新一代的小型東亞雜貨「夫妻店」，大部分的中餐烹飪基本原料都在其中有售。

儘管取得了上述發展，英國的中餐館整體仍然受到嚴重掣肘。幾年前移民政策的緊縮，使得各家餐館幾乎不可能從中國招收新的廚師。火鍋店的迅速擴張不僅反映了這種餐食廣受歡迎，也說明火鍋其實是對技能要求相對較低的生意：比起找擅長使用炒鍋烹飪的廚師，找工人來切切菜、準備燙火鍋的原料，的確要容易多了。有人嘗試過在本土引進中餐烹飪的培訓，最近的一次是克勞利學院（Crawley College）和天津食品集團的合作。但大部分餐館都只能競相招收已經在英國定居的中國廚師，而這類人的數量非常有限。

令人食指大動的街頭中餐激增，與此同時，比較精緻複雜的菜餚卻在減少。在倫敦的唐人街，曾經占據主流地位的上乘粵菜如今幾乎不見蹤跡。除了這些具體方面的隱憂之外，中餐館老闆們和這個行業的所有人一樣，都在抱怨競爭激烈，租金和稅收飆升。

中餐在英國有著接近無限大的可能性。按照二十世紀末的習慣，中餐被劃分為四大或八大菜系，但其實中國的每個地區、省分、城市和小鎮都有獨具特色的飲食。比如，西南大省雲南就有著各式各樣豐富而非凡的食物和風味；就算是西方食客更為熟悉的川菜和粵菜，相對來說也仍有很大發掘空間。雖然英國人對於新中餐的胃口也許堪稱無限，中國餐館的應對能力卻受到了很大侷限。在英國，我們是已經到達了中餐創新的巔峰，還是正處於眾多新發現的邊緣，答案還需拭目以待。

譯得真「菜」

（發表於《金融時報週末版》，二〇〇八年八月刊）

隨著二〇〇八年奧運會接近，北京市政府開始了一項艱鉅的任務：對所有講英語的遊客可能在餐廳菜單上遇到的菜名進行翻譯並核准。中國官方新聞媒體報導，北京政府一心要避免諸如「沒有性生活的雞」（chicken without sexual life，意指童子雞）和「丈夫與妻子的肺片」（husband and wife's lung slice，四川街頭小吃夫妻肺片）這類「奇怪的英文翻譯」。該官媒還以不太常見的幽默口吻補充道：「這些翻譯勾勒出的形象，『可以說，並不太開胃』。」

中國餐館菜單上那些可怕的錯誤引得來自世界各地的老外樂不可支。晚餐時有人給你端上一道「燒焦的獅子的頭」（Burnt Lion's Head，紅燒獅子頭），這種經歷誰忘得了？網上隨便一搜，就能看到各種報導，裡面有諸如「使人麻木的辣黃炒肚子絲綢」（Benumbed Hot Huang Fries Belly Silk，麻辣韭黃炒肚絲）和「香味爆炸牛仔的骨頭」（the fragrance explodes the cowboy bone，香爆牛仔骨〔牛小排〕）等「美味佳餚」。我個人最喜歡的一個菜名英譯出現在一種紅白色零食的時髦包裝上，「鐵地板火化」（Iron Flooring Cremation，其實是「鐵板燒」[1]，這三個字若逐字直譯，比較合適的譯法應該是「baked on an iron griddle」）。這個傻人包多年來都是我的笑點。

不過，中國領導階層希望避免這些叫人尷尬的錯誤，這完全可以理解：尤其在這樣的一年，他們希望能向全世界展示中國的最佳形象。有關部門已經敦促北京人民好好排隊、不要隨地吐痰。觀光性質的餐館也收到相關意見：奧運會舉辦期間不要賣狗肉。甚至還有一項指示對民眾的衣著提出建議，其中包括不要穿睡衣出門。在如此乾淨清潔、秩序井然的奧運都市，哪有「蒸垃圾」（「steamed crap」[2]）的容身之處？

玩笑歸玩笑。中國餐館的菜單的確需要合適得體的翻譯。原因不僅是外國人可能需要這些翻譯的幫助來決定點哪些菜；一桌人同吃的中餐，菜要點得好，才能吃得好。一頓飯，要是不止一道糖醋味的菜，或每道菜都帶湯掛水，那就是一場飯桌上的災難。相反，一頓好餐則能夠以和而不同、多種多樣的體驗來取悅人的味覺。即便是在頂級餐廳，你也必須得懂一點菜單上那些菜餚的特點：色、香、味、烹製方法、是溼是乾、形狀和口感……否則根本設計不出一份又撩撥口腹又和諧舒爽的菜單。

就算只為一小部分中國菜制定準確的譯名，也是很艱鉅的工作（光是屬於四川省的特色菜就有五千多道）。而中餐的專業術語也讓挑戰更大也更獨特。首先是複雜。中餐廚師使用大量的詞彙來描述烹飪方法，其中很多都沒法翻譯。比如「熘（溜）」，意思是把切好的食材先過油或過水做熟，再放入單獨準備好的醬料：這用英語怎麼能簡潔準確地概括呢？就算某種方法乍看很簡單，比如「炒」，也有很多細化分類，如基礎的「炒」，再來是大火快炒（爆炒），以及在乾鍋裡炒（乾煸）。我在四川接受廚師培訓時，要學習的標準烹飪法就有五十六種，這還只是我中餐烹飪學徒生涯的起點。要將如此博大精深的烹飪技巧翻譯成簡潔的菜單，絕非易事。

---

1 編按，這邊所指的「鐵板燒」，係指一種用魚漿製成薄片的零食，通常會染成鮮豔的紅色，並灑上白芝麻。

2 應該是「蒸蟹」（steamed crab）的誤譯。

此外，很多類型的食物都找不到對應的英文詞彙。比如「dumpling」，這是對很多中國小吃的統稱，從「餃子」（包餡兒的半圓形小吃，水煮著吃）到「燒賣」（錢袋狀包餡小點，蒸熟吃）和「包子」（褶子在頂部形成漩渦，蒸熟吃）。光一個「粉」字，意思可能就有形狀各異的麵粉、米粉、粉絲、涼粉……這又怎麼翻譯呢？在中餐廚房裡做筆記時，我常在匆忙中就寫下漢字，原因無他，就是除此之外便沒法準確記錄我看到、聞到和嘗到的東西。

那麼，也許我們應該仿效西餐，全盤借用中文詞彙。烹飪和享用菜餚時，講英語的人們總是自如地使用法語詞彙，比如sauté（煎炒）、hollandaise（荷蘭醬）和mayonnaise（蛋黃醬）。就連我們最基本的烹飪概念——chef（主廚）、menu（菜單）和restaurant（餐館），都是直接從法語裡「盜用」的。我們是否也該對中餐如法炮製呢？在某種程度上，這其實已經是既成事實了：想想wok（炒鍋）、wonton（雲吞）和dim sum（點心），還有tea（茶）這個詞，就是源自福建方言。一些外來的中國概念也已經開始跨越語言的界限，比如small eats（「小吃」的直譯）和mouthfeel（口感）。

然而，借用中文也只能走這麼遠了，因為超過一定的限度，你就必須要了解實際的漢字，才能掌握準確的意思。就拿川菜來舉例吧，有兩種烹飪方法的音譯都是

「kao」(「烤」和「㸆」)，要看到漢字才能區分得開。salty（鹹）和umami（鮮）的漢字不同，但拼音都是「xian」。

還有口味和文化方面的判斷問題。川菜中最著名的豆腐菜是「麻婆豆腐」，直譯就是「Pock-marked old woman's beancurd」(長了麻子的婆婆的豆腐)。中文聽著親切深情，英文乍聽上去卻像在罵人。類似的情況不少，比如四川有個連鎖火鍋品牌叫「耙子火鍋」(四川話「耙子」即「瘸子」)，還有一家小吃店叫「痣鬍子龍眼包子」(「痣鬍子」即「帶毛的痣」)，都是以最初的經營者命名：一位是殘疾人，一位臉上至少有一顆毛痣。很難想像「Cripple's Hotpot」(瘸子火鍋)或「Hairy mole dragon-eye buns」(毛痣龍眼包)能在倫敦或紐約開得紅火。如果你晚飯想吃炒雞肉，看到菜單上有「animal reproductive organs in pot」(直譯為「動物生殖器官鍋」)，還吃得下嗎？有時候，語言上稍微模糊一點，或許要好一些。

最後，很多中國菜名裡帶著機鋒與詩意，這又該如何體現呢？川菜中的高級宴席菜「雞豆花」，直譯成英文是「chicken tofu」，莫名其妙、令人費解，其含義是這道菜很奢侈，費力將雞胸肉剁成細茸，變成豆腐狀，樣子看著就像是最便宜的街頭小吃「豆花」。這算是美食上的一個小玩笑。還有「擔擔麵」，中文很美妙，有點擬聲的意思，一說就能想起街頭貨郎挑著「擔擔」，兩頭的筐子甩來蕩去的生動畫面，還有貨郎的叫賣聲。如果翻譯成「shoulderpole noodles」，那種音韻美就完全消失了；如果直譯為「Dan Dan noodles」，好聽倒是好聽，又不知道什麼意思。就算是專門被新華社提出來，顯得特別倒胃口的「husband and wife's lung slice」，都講述了一個動人的故事：一九三〇年代，成都街頭有一對夫妻挑著擔子賣小吃，婚姻和睦，傳為美談，他們做的肺片廣受成都市民喜愛，經久不衰。

北京政府努力的最終結果是一本一百七十頁的書，《中文菜單英文譯法》（*Chinese Menu in English Version*）。書中列出了兩千多道菜餚的建議英文譯法，是非常落實的成就；對在語言方面一向處於困境的中餐館老闆們來說，也是一次巨大飛躍。二十幾位譯者堅持自己的立場，保留了好些有用的中文詞彙，比如水煮的dumpling就叫「jiaozi」，糯米粉搓的球就叫「tangyuan」，錢袋狀的蒸dumpling就叫「shaomai」。一些名聲不好的食物（比如狗肉），書中並未提及，但也沒人能指責他們對菜單做了「淨化」，因為裡面收錄了大量對外國人來說具有挑戰性的菜餚，比如清蒸豬腦和炒雞胗。

然而，在全世界最絕妙的飲食體系面前，這樣的名錄仍顯蒼白。帶抒情性質的描述性術語（比如綠色的食物叫「翡翠」，還有形容各種口味有趣組合的「怪味」）翻譯之後就沒那個味道了；「麻婆豆腐」與成都那個討人愛的麻臉孀子之間的關聯，也在翻譯中湮沒無聞。正如作家周黎明（Raymond Zhou）在《中國日報》的專欄中所寫，這種標準化翻譯是「一把雙刃劍，消除了模稜兩可和不太適宜的幽默……但也奪去了樂趣和豐富的內涵。就像把一份菜單變成了白米飯，必要的營養倒是有，但也風味全無」。

鴨舌吃法指南

（發表於《金融時報週末版》，二〇一九年三月刊）

如果你不是中國人，面前卻意外地擺上了一份鴨舌，想到的第一個（也是非常合理的）問題，可能不僅僅是應該怎麼吃，還有為什麼要吃這東西。鴨舌是個吃起來非常麻煩的小東西，還沒有肉，也就是幾根軟骨，被橡膠一樣的外皮包裹著。大部分西方人的餐盤裡都不太可能有鴨舌。但在中國，鴨舌與雞爪、鵝掌（蹼）等一系列相對「邊緣」的動物身體部位一樣，是非常美味的佳餚。

傳統西方觀點認為，中國人吃很多奇奇怪怪的東西，也許是因為貧窮和絕望。在一三〇〇年前後，馬可．波羅寫道：「他們吃各種各樣的肉，包括狗肉和其他凶猛野獸以及各種家畜的肉，基督徒是絕對碰也不會碰一下的……下層人吃起各種不乾淨的肉，也是毫無禁忌。」美國的早期華裔移民被「吃老鼠肉」的疑雲纏身。二〇〇二年，英國《每日郵報》(*Daily Mail*) 刊登了一篇聲名狼藉的文章，標題為〈呸！切個屁！〉(Chop Phooey!)，說中國菜是「全世界最靠不住的食物。做中國菜的中國人會吃蝙蝠、蛇、猴子、熊掌、燕窩、魚翅、鴨舌和雞爪」。

大體上來說，此言自然不虛。在明顯的地域差異之下，中國人吃的內臟範圍之廣，叫人眼花繚亂，也會讓大部分西方人認為過於極端、難以接受。但是，如果認為這是絕望之下走投無路才吃的食物，那就大錯特錯了。當然，中國肯定是有「窮人食物」的，這一點和一切農耕社會一樣。但中國人愛吃西方人視為「下腳料」而避之唯恐不及的東西，這一點卻跨越了階層。中國農民和世界各地的農民一樣，自古以來都會在宰殺動物之後飽餐它們的內臟，因為什麼也不想浪費。但在這片土地上，以祕方烹製的動物器官和內臟，也同樣以珍饈佳餚的姿態登上了大雅之堂。比如「花膠」，或稱魚鰾，本是沒什麼味道的膠質組織，而大廚們就是有本事花上很多時間和勞力，將其變成一種高雅罕見的美味。費這個勁兒幹嘛呢？

除了普遍希望避免浪費和最大化地獲取營養的觀念之外，中國人吃別國人不吃的食材，還有一些文化上的特殊原因。其中之一是傳統中醫的藥理知識對每一種食物都賦予了藥用價值，並認為吃動物的特定部位也能夠滋養人體的相應部位。比如一個人腳痛，就可以吃燉豬腳，以食補的方式幫助治癒疼痛。而花膠則被認為對一系列疾病都有療效。像雄鹿鞭這種橡膠口感的食材，在西方人看來相當倒胃口，在中國卻是治療陽痿和不孕的傳統補品。

不過，也許下面這個原因更為重要，那就是中國人對食物口感的注重。中餐飲食講究從吃東西時完整的感官體驗獲得愉悅享受，而「口感」與香氣和味道都密不可分。中國人（和日本人一樣）十分講究精緻細微的口感享受，他們所能夠欣賞的口感種類遠遠超過西餐中通常對口感的理解。中國人解釋自己為何喜好某種食物時，往往會把口感列為其吸引力的一個組成因素。很多中國人還會以偏愛之心主動去尋求西方人通常不怎麼喜歡的口感，比如滑溜、黏糊、脆爽、彈牙、彈韌、溼滑和軟骨般的感覺。

中文裡有個美妙的形容詞「脆」，可以用來形容雞脆骨那溼滑又爽脆的口感。另一個詞「酥」，則是用來形容另一種脆，就是一口咬下去就碎成渣的感覺，比如炸豬油渣。「糯」這個詞則描述了文火慢燉的豬蹄那種包裹脣齒的柔軟，而「滑」是一種在嘴巴裡溜來溜去的感覺。中國人偏愛某種有點彈牙質地的食物，臺灣人會稱這種口感為「Q」（特別有彈性的食物，就是「QQ」了）。比如，在華南地區，好的牛肉丸肉質不是柔嫩的，而是有極好的彈性，已經遊走在「脆」的邊緣：潮汕地區的廚師會用金屬工具捶打肉糜來追求這種效果。幾乎自相矛盾的複雜口感也備受推崇：比如，既黏糯又有點緊繃的海參，或是兼具黏滑和爽脆口感的水生蔬菜。

對口感的深切欣賞和喜好極大地擴展了可食用的食材範圍。如果你並不喜歡鵝腸或花膠的口感，就沒必要費心去烹製，因為這兩樣東西本身沒什麼味道。然而，如果你懂得欣賞口感，那這兩樣東西會激盪你的脣齒。在內臟帶來的感官愉悅上，中國某些地區比其他地方鑽研得更深更精：四川人特別具有冒險精神，他們吃的一些部位特別彈韌難嚼，吃的時候頭腦裡都能響起嘎吱聲，比如牛黃喉（牛的主動脈）和豬的上顎（在川蜀當地被稱為「天堂」）。

除了各種各樣特殊的口感樂趣之外，中國人還喜歡去征服我父親口中「高難度係數」的食物。鴨脖子就是一條椎骨上面牽著幾絲肉而已，但用雙脣和牙齒去囁、吸和撕，正是啃鴨脖的樂趣之一。在英式正餐的場合，這些複雜的小塊食物會引起社交焦慮，因為在那種時候，食客要拿著刀叉，禮貌優雅地吃飯，把嘴裡的殘渣吐出來也被視為一種粗魯的行為。最近我在香港吃了頓晚飯，目睹一位歐洲釀酒師試圖用刀叉來吃鵝掌，這幾乎是不可能完成的任務。我覺得他一定不太能夠樂在其中，而且也沒法像他旁邊的中國人一樣，把牽在骨頭上的肉都扒乾淨。

在中國，發出聲音地嘬一嘬，低調地把骨頭渣吐出來，這是沒什麼不妥的；直接上手接觸食物甚至是喜聞樂見的。有些餐館還會提供塑膠手套，讓你真正沉浸在麻辣兔頭或一堆小龍蝦之中。不久前在杭州，一位「土著」朋友和我一同享受了一條青魚的紅燒魚尾，這是當地的特色菜。魚尾巴上唯一真正的肉只有藏在尾根的一小塊，可以用筷子來吃。除此之外，吃魚尾的樂趣就在於把尾鰭一根根掰開，嘬乾淨裡面的醬汁、軟組織及其美味的魚膠：吃的時候很容易顯得狼狽，不過一旦掌握了竅門，就完全手到擒來了。

中國的美食家還偏愛他們所謂的「活肉」：動物身上經常彎曲和鍛鍊的肌肉，具有一定的拉伸感，與雞胸那種不怎麼活動的懶散「死肉」恰恰相反。中國飲食文化對動物的腿、腳、翅膀和尾巴有一種偏愛，這是部分原因。那盤杭州的魚尾，是當地經典菜式，被稱為「紅燒划水」：並不是因為「魚尾」不好聽而採取委婉說法，而是對魚尾在水中的運動進行了詩意的描述。有時候，一隻雞的頭、爪子和翅膀可能會被做成一道菜一起上桌，被稱為「叫、跳、飛」。

如果不是中國人，又希望充分欣賞中餐那幾乎無窮無盡的精妙之處，那我建議你要解決「口感」這個問題。雖然很多中國菜並不需要你去享受其口感，但也有其他很多菜，要是沒有「口感」這個元素，就只會讓人困惑不解、不知所云。要是你一點兒也不喜食軟骨或膠原組織，就很難全面享受中國美食的博大。從四川火鍋中汆燙的小塊內臟，到高級宴席上的海參和花膠，在任何社會層面或等級都是如此。

吃內臟也能為人們提供一個窗口，去了解中餐烹飪技術的精深。從本質上講，你吃的部位越多，食材越特別，其烹飪和進食上發揮和創造的空間就越大。技藝純熟的中餐廚師能夠辨識食材本身的特性，認準其優點和缺點，利用烹飪技術和與之相生相和的食材揚長避短。正如一九三〇年代詩人克里斯多福·伊薛伍德（Christopher Isherwood）在中國旅行時所說：「沒有什麼是一定能吃或一定不能吃的。」北京的烤鴨店可以做「全鴨宴」，「除了鴨子的『嘎嘎』聲以外，任何一個部位」都能做成菜；每個部位都根據其特性進行不同的烹飪和調味：鴨皮油亮香脆，鴨肉柔嫩輕軟，鴨腸滑溜彈牙，鴨胗鬆脆作響，鴨腳滑韌耐啃……不一而足。

內臟之美，非行家不可知，這其中還有點浪漫的意味。從古至今，中國人待客就喜用稀有而奇妙的食材，一是表示對客人的尊重，二來也有驚豔炫耀之意：也許是季節限定的時鮮蔬菜，也許是冬蟲夏草這種昂貴的珍饈，或只能從原產地覓得的、備受推崇的特產。餐廳常會根據價格來安排不同等級的宴席：花錢越多，食材就越稀奇古怪和昂貴。對稀奇食材的執著，已經是中國飲食文化持續了數千年的傳統：西元前四世紀，賢哲孟子就曾做過一個著名的比喻，說魚與熊掌這兩種珍貴的食材，不可兼得。

罕見的食材通常被統稱為「山珍海味」，其中包括來自偏遠地區的乾貨，比如海參、燕窩和少見的蕈類，也包括常見動物的特定部位（比如鴨舌和鵝掌），最頂級的是珍禽異獸的特定部位（比如魚翅和熊掌）。就鴨舌而言，雖然鴨子本身易得，每隻鴨卻只有一條舌頭，這個部位的稀缺性使其成為一種珍貴的食材，受到一定的矚目。冰箱出現之前，誰要是能用一整盤鵝掌待客，就是在展示非比尋常的鋪張奢侈和神通廣大。

在西方，如果有人給你端上一盤尾巴、腳和翅膀，你可能會覺得被怠慢了。而在中國，要是面前擺上一條大鯉魚的頭或尾，那你可以肯定自己是在最受重視的那一桌。魚肉是人人都能吃的，因為有很多；而魚尾或魚頭，只會獻給最尊貴的客人。魚尾精緻難得，魚頭無比美麗，口感豐富、滑溜而撫慰人心，一連串的骨頭構造緊密相連，將內部的美味緊緊包裹起來。我在中國吃了二十多年，嘗過一道尤其難忘的菜「土步露臉」：一碗鮮湯中有兩百條小鯰魚的腮幫子肉（共四百片臉頰肉）。這在中國是很常見的情況，吃這道菜的深層樂趣，不僅僅在於感官口腹，更在於心理滿足。

中國杭幫菜博物館重現了一場十八世紀的鋪張豪宴，主賓是尊貴的乾隆皇帝。除了整隻的烤乳豬等眾多菜式之外，還有一個大淺盤，上面盛著一隻熊掌，周圍是小小的鯽魚舌：這屬於「雙劍合璧」的名菜，野味和相對常見的動物都取其珍稀部位，聯合成菜。這道菜鮮明而生動地提醒著人們，中國人可以吃得很「高尚」，把動物吃得「從頭到尾」（盡量不浪費任何部位，將烹飪創造性發揮到極致）；而這種「高尚」又能與奢靡浪費無縫銜接。

古往今來，很多著名的中國思想家都對自己所在時代的人們不擇手段地追求口腹之慾而表示痛心疾首。兩千多年前，賢哲墨子就覺得有必要發出警告，「要制定飲食的法則，不要去遠方國家購買珍貴奇怪的食物」。[1]如今，環保主義者們則譴

1 此句出自《墨子．節用》，完整原句如下：古者聖王制為飲食之法，曰：「足以充虛繼氣，強股肱，耳目聰明，則止。不極五味之調、芬香之和，不致遠國珍怪異物。」

責那些富有的中國美食家，說他們因為嗜好魚翅，導致多種鯊魚滅絕。而魚翅並非唯一的問題：中國人對花膠的喜好也在威脅著其他海洋物種。

說點兒積極的：中西方的不同口味，就像傑克・斯普拉特和他的老婆一樣，可以互補〔2〕。英國的豬肉生產商向中國出口豬尾巴、豬肚和豬耳朵，而四川的麻辣兔頭越來越受歡迎，說明當地的餐館老闆一定解決了世界其他地方消耗不完的兔頭。對於動物，既然殺都殺了，當然最好是物盡其用了。

在中國的早些年，對那些口感如橡膠般的美味佳餚，我吃得漫無目的，也毫無樂趣。但在某個時刻，我不知不覺地跨過了一道門檻，發現自己是為了愉悅而有意地去吃這些東西：毫無疑問，我對中國美食的欣賞就此邁入了新階段。從那時起，我也發現有些西方人會特意努力地以中國方式去探索各種奇妙的口感，從而加快這一跨越的進程。我想對西方讀者說：光是想想這個問題，就有可能為你打開一扇大門，進入一個愉悅口腹的美食新天地。你也許很願意進去探索一番哦。

再回到鴨舌這個話題：如果你還從來沒吃過，那麼本著敢於嘗試的美食精神，它是值得一吃的。你可以在某個中國超市買一些，自己進行烹飪（食譜見後），或者直接去川菜館找找，有時候其他的中餐館也能找到。吃第一口之前，請努力拋開自己對鴨舌等不熟悉的動物部位的偏見，關掉腦子裡那個看見這類麻煩的小東西就會自動打開的「拒絕閥門」。想想在被稱為世界上最精緻成熟的美食文化中，老饕們認為鴨舌是難得的佳餚。努力去想想，你是多麼有幸得到這種獎勵，這袖珍而難得的小菜，這美食之礦中的鑽石。用面前的筷子，或你的手指，拿起鴨舌，舌尖在前，輕輕丟進嘴裡，閉上雙唇，包裹鴨舌。接著用你的舌頭和牙齒來吮咬，吃掉可食用的部分，用脣舌去細細感受那種肉骨纏繞的豐富。請拋掉先入為主的偏見，只是去嘗試，放任自己盡情去探索那種直觀的感覺，那彈牙多汁的肉，那軟硬相輔相成的對比，那遍布你舌面的感覺。這將是你在中餐這片廣闊「公海」上的首航，祝你好運。一個全新的世界在等著你。

2 此句指的是一首英文童謠，原文為「Jack Sprat could eat no fat. His wife could eat no lean. And so betwixt the two of them. They licked the platter clean.」。（傑克不吃肥，老婆不吃瘦；兩人正正巧，吃光盤中肉。）

溫州醬鴨舌

參考食譜來自：http://www.xinshipu.com/zuofa/180576

鴨舌　二〇〇克（約三〇—三五條鴨舌）

醃料：

生抽　二分之一匙[3]

紹興酒　二分之一匙

白糖　一小匙[4]

鹽　四分之一匙

帶皮生薑　一〇克

蒜　一瓣

青蔥（蔥白）　一根

其他材料：

冰糖　一〇克

老抽　一小匙

八角　半個
鹽　二分之一匙
紹興酒　一大匙

做法：

1. 煮沸一鍋水。加入鴨舌，等再次煮沸後轉中火煮兩分鐘後撈出，充分瀝乾水。
2. 將所有醃料加入鴨舌，攪拌均勻。冷藏五小時或過夜。
3. 從冰箱拿出後將醃料中的固體食材去除，將鴨舌的水分充分瀝乾。
4. 鍋燒熱後入油，油熱後加入薑、蒜和蔥白爆香。再加入鴨舌、冰糖、老抽和料酒、鹽、八角，倒入沒過食材的水（約三〇〇毫升），大火燒開蓋上鍋蓋，轉小火煮二十分鐘。
5. 開蓋，轉大火，不斷翻炒到湯汁收乾，呈楓糖漿般深色濃稠狀即可。

---

3 一大匙（湯匙，tbsp）等於十五毫升。
4 一小匙（茶匙，tsp）等於五毫升。

功夫雞：一雞九吃

（發表於《福桃》雜誌，二〇一七年春季第二十二期）

要怪就怪那張圖。在揚州，一位大廚送了我一本烹飪學校的教材，我閒來翻看，目光被一幅神奇而複雜的插圖所吸引。那就像一張樹狀族譜，位於最頂端的「老祖宗」是一隻活雞，下面畫著一些規整的線條，將這隻雞分成十二個部分，是為「後代」。這些後代又會依次以不同的組合變成九道不同的菜，組成同一餐。旁邊的文字批注解釋說，「一雞九吃」是一道示範菜，設計者是高級名廚王素華，他專攻的領域是淮揚菜，即古城揚州的特色菜系。

王廚設計的這套食譜中，每一道都是為了展示不同的廚藝，以及雞不同部位的特性。「一雞九吃」中，有開胃菜，冷熱兼備，也有數道炒菜、兩道湯，以及中餐風格的雞塊。菜餚的口感從耐嚼到嫩滑，從多汁到爽脆。從技術的層面來講，要做這些菜，需要掌握專業中餐烹飪的主要技能：刀工、調味和火候。每道菜的賣相、口味和口感都應該彼此不同，這樣才能讓一種主材恰如其分地煥發出多姿多彩的吸引力。

和所有接受過科班訓練的中餐廚師一樣，王廚的第一步，是對食材進行思考剖析。他分析了各個部位的長處和短處，想出了各種揚長避短的辦法，並選擇相生相和的調味料和烹飪方法。雞頭、雞爪和雞翅都是「瘦骨嶙峋」，用我父親的話來說，擁有「高難度係數」：是只有中國人才青睞有加的軟骨，結構和吃法都很複雜，所以只是簡單沸水煮熟，調上佐料，供食客啃咬咀嚼，享受那種豐富的口感；雞腿肉多且汁水豐富，所以上漿炒製；而嫩滑無骨的雞胸肉則有不同做法：一部分做成一道炒菜，在另外兩道菜裡則被「施以魔法」，做成絲滑的雞茸。任何一位中餐廚師都知道，雞胗和雞肝這類下水，如果煮過頭，肉質就會變老變柴，韌如皮革；因此，對內臟的處理就是切成薄片，進行爆炒，藉助調料撫平腥羶。雞腸也是快速入沸水汆燙，保持滑溜彈牙的口感。這是充滿思考、精心烹製的過程，能夠做出菜色多樣、美得叫人眼花繚亂的一整餐。

光是看看這些食譜就已經累得夠嗆，但我對這樣的挑戰向來是難以抗拒的。「一雞九吃」可以說是一個縮影，恰恰說明了我對中餐最鍾情的方面：既有著「敬天惜物」的節約，又結合了天馬行空的想像。當你奪取一隻雞的生命，就要確保去除爪羽之後，它的任何部位都不會被浪費，這是多麼明智明理啊；而花好幾個小時來仔細處理這隻雞，把它變成九道精緻的小菜，這又是多麼瘋狂啊。要是換成一個英國女人，通常她就會把整隻雞直接塞進烤箱啦！

當然，我的第一道難關，是去找一隻活雞。做大部分的菜，隨便找隻死掉的老雞都能湊合；但要實踐這一套食譜，我不僅需要肉和骨頭，還得有很具體的肉和骨頭。倫敦有些肉舖或農產品市集倒是會賣整袋的雞雜，但在英國，就算是最大膽的「雞雜綜合袋」也絕對沒有雞腸（就連我最喜歡的唐人街超市都買不到雞腸，那裡只有雞心和雞胗）。而且，王廚的一道菜裡要用到雞血，這簡直比雞腸還難找。要在倫敦得到凝固的雞血塊，我唯一的希望，就是親手為一隻雞割喉，再自行處理噴出來的血。

我打了幾個電話，但相熟的肉商能提供的雞，都是他們口中「即買即入烤箱」的狀態。我想，在鄉下找到一隻農家放養活雞應該容易些，於是託我的攝影師朋友伊恩幫忙找一隻，他就住在劍橋郡的一個村裡。他打電話找到的第一位農婦養了很多雞，但不願意賣活的。「我們以前是賣活雞的，」與他通話的那個女人說，「但亞洲人都是買去在自家的後花園裡殺。」話說到這個份上，伊恩只好完全閉嘴。第二個農民沒有進行這種良心的譴問，於是伊恩買到了一隻重量適宜（大約兩公斤）的雞，把它帶到了倫敦。我倆都不確定英國的火車能不能帶活雞，所以他將一個貓提籠裝飾上彩色的簾子，把雞安全地塞在提籠裡（好在雞沒有被裡面殘留的貓咪氣味干擾，在整個旅途中都很克制，沒有啼叫）。

天黑以後，伊恩和那隻雞乘坐出租車到達我家。真是一隻美麗的小東西啊，通體潔淨，豐滿柔軟，披著一身雪白的羽毛。它通身有種優雅的氣派，鎮定地與我四目對視。我們努力讓它有種「雞至如歸」之感：用一些舊的《中國日報》給它做了窩，讓它安頓下來，並用玉米和水給它做了最後的晚餐。我跟它聊天，對它「咯咯」叫，為自己將要「背信棄義」而心懷愧疚。（違反待客之道有各種各樣的方式，但對於大駕光臨自家的貴客最嚴重的犯罪，肯定就是殺了牠吧？）不管揣著什麼樣的懷疑，小雞還是安生地待了一夜，只是在築窩時偶爾「咯咯」兩聲，或發出「咕嚕咕嚕」的微小顫音。

在多年的中國探索生涯中，我在市場上目睹過大量的宰殺場面。我長居成都期間，那裡的禽肉攤子上總是血糊著羽毛，一片狼藉。儘管對禽流感的恐懼已經把大部分活禽宰殺攤位趕出了城市，但魚和黃鱔仍然很多都是現點現殺，當場開膛破肚。我是個廚師，所以經常要親自面對屠殺和血腥的場面。剖殺魚、螃蟹和黃鱔，這些事我都幹過。十幾歲的時候，我沉迷於研究基礎烹飪知識，說服母親給我買過一隻還帶著羽毛的雉雞，從此我就會給這種鳥類拔毛並進行處理了。但我從來沒殺過雞。

我打心眼裡認為，只要是吃肉的人，都應該做好心理準備，勇敢面對殺雞這件事；我也並不是那種特別膽小的人。然而，與此同時，我也禁不住想起短短幾週前與一位美國朋友的對話，主題是他自己皈依素食主義的經歷。一個嚴寒的冬日，他和父親出外打獵，在一個封凍的湖邊，他們殺死了一對鵝夫妻中的一隻。另一隻鵝在他們頭上不停地盤旋，發出號叫，既像是哀嚎，又像是憤怒。朋友覺得那個場景持續了很久很久，甚至在他們把死鵝裝上車絕塵而去時，那隻「鰥寡之鵝」還跟著他們的車，在車頂盤旋並號叫。「在我頭腦裡面揮之不去啊，」他說，「那不斷的號叫。」

第二天，我和伊恩起了個大早。那是十一月寒冷的一天。我們讓那隻雞散了會兒步，然後就抓起它，到外面去完成必須要做的事情了。我們帶著強烈的愧疚感，有些鬼鬼祟祟地在我家前院殺掉了它。有幾個路人碰巧目光越過了院牆，都大吃一驚。我按照中國人處理雞的程序，把大部分雞血裝在一個事先盛了點水、撒了一點鹽和一點油的玻璃容器裡。我把血、水、鹽和油攪拌了一下，拿到樓上去放在蒸鍋裡。接著把雞浸入一鍋滾水，把羽毛燙溼、燙鬆。接著我又回到門外，坐在血跡斑斑的臺階上，開始拔雞毛——很容易，用手一扯就掉了。

我回到公寓的樓上，把雞剖開，掏出一團泛著光的溫熱內臟。我把這些雜七雜八的下水做了分類，小心地扔掉了泛綠的膽囊，保留了雞肝、剛剛停止跳動的雞心，以及帶著白色葉狀花紋、整體泛紫的雞胗。我把雞腸放在水槽裡，用剪刀割開後沖洗乾淨，用鹽和紹興酒抓拌醃製。接著我割下了雞頭和雞爪（趾甲都剪掉了），把關節和骨架都拆下來。我把「雞屍」放入一鍋水裡，和去腥的薑、大蔥和紹興酒一起小火慢燉。現在，「一雞九吃」食譜裡所需的一切部位我都有了，可以開始真正的備菜環節了。

和很多中餐食譜一樣，我面前這套「雞大餐」的書面資料對用量的描述非常模糊，於是我只能自行去理解實踐，而且實在忍不住將配方稍作調整，來適應我的四川口味。王廚的食譜是用醬油、醋、糖和芝麻油來給雞翅、雞頭和雞爪調味，我則加了一些四川紅油和一小撮花椒。他在食譜中建議，雞大腿切丁炒製時要加紅辣椒，這似乎是在熱情邀請我來點川味的火辣與活力，所以我準備了一些泡椒醬和蒜。另外，我在倫敦找不到王廚食譜中的江蘇醃黃瓜和泡薑，就選擇了四川的榨菜來代替，那種鹹酸爽脆同樣是令人愉悅的美味。我還選擇用植物油代替了豬油，因為考慮到自己不可能實現所有的菜同時上桌，希望避免菜冷之後豬油凝固，導致菜品賣相不佳。

中餐備菜是關鍵，這是老生常談，但通常也是真理。我這九道菜，光是切和醃製，就花去了好幾個小時。六個星期前我的右手腕受了傷，還在恢復，備菜工作也因此變得更為複雜麻煩。給雞去骨、去關節，我顯然是做得到的；但要發揮在四川學廚時修習的技能，費力將雞胸肉剁成柔滑的雞茸，我的手腕就發出抗議了，只能叫伊恩放下相機，手拿兩把菜刀，我則站在他背後頤指氣使地發號施令，命令他一定要把每一根筋腱都挑出來。

等到萬事齊備，真正能開火了，廚房的桌子和檯面上已經擺滿了各種小碗和碟子：切片的內臟、兩種不同狀態的雞胸茸、琵琶腿（雞小腿）肉塊、切絲的雞胸肉、切塊的雞腿肉、開水煮過的雞頭雞爪和雞翅、醬汁、麵糊、蔥花、薑末、蒜片、火腿、竹筍和蘑菇、焯水後切碎的菠菜和其他零零碎碎的食材。還在「咕嘟咕嘟」熬製著的高湯，濃郁的香味已經開始在廚房裡飄啊飄，而我的食譜筆記卡上也濺滿了醬油和油漬。

之後的一切水到渠成、乾脆利落。我用自己發揮的川味調料給煮好的頭、爪和翅膀調好味，做成名字很好聽的一道「叫、跳、飛」。我把琵琶腿肉塊裹在金黃色的蛋黃麵糊裡，炸成散發著蔥與花椒香氣的美味雞塊。我用雞腿肉迅速炒了兩道快手菜，肉過溫熱的油，再放入相應的調料，炒得更猛烈一些：第一道菜是放泡椒、薑、蔥和蒜；第二道則要不同尋常些，是放脆甜的蘋果丁。我用四川榨菜炒了切成細絲的雞胸。那些零碎的小塊內臟，即爽口的雞胗、光滑的雞肝和彈牙的雞心，都被切成薄片，大火爆炒，再加入切片的荸薺，入口爽脆，叫人愉悅。

最難做的還是那兩道雞茸菜。第一道稱為「雪花雞」，要把各種東西加入雞茸裡攪拌和勻成乳狀物，放入油中；油溫要控制得恰到好處，既能夠溫柔地將雞茸烹熟，又要保留其奶滑的口感，然後倒入筍和蘑菇，和這雲朵一般的雞茸一起進行快炒。第二道菜是羹，即濃稠的湯，要把稀稀的雞茸加澱粉變稠，用一點雞高湯和勻，用菠菜增加一點綠意，把表面裝飾成經典的「太極」圖案，表現陰陽相生、此起彼伏的永恆主題。最後，我在那鍋奢侈的雞湯中加了凝固的雞血和帶狀的雞腸，以及蘑菇片和筍片，做成一道撫慰身心的湯。

我們把所有的菜擺在黑色的背景上，我心中湧起一陣自豪和滿足。真是不敢相信，我竟然成功做到了王素華大廚寫的每個步驟，而且在門口殺雞沒有被捕，人生第一次清洗了雞腸，試做並記錄下九道新菜，結果都還不賴。廚房的地上還殘留著幾根白色羽毛，整個房間都濺上了油，到處散落著亂七八糟的碗和調料。貓籠空蕩蕩地放在走廊上，彷彿在打著哈欠；門外的「犯罪現場」還有幾處血跡沒有處理。然而，在「滿目瘡痍」之中，我那九道小菜好整以暇地以軍事化隊形排列，這是對中餐「變形魔法」的有力證明。

倫敦唐人街

（發表於《福桃》雜誌，二〇一二年秋季第五期）

我第一次去倫敦的唐人街是在一九八〇年代末期，我們一家人的朋友、來自新加坡的麗兒（Li-Er）帶我和我的表親去那兒吃點心。當時的我還從未被中餐「開光」，所以那是一次充滿異域風情的大膽嘗試。我們走過一根根纏龍柱，進入別有洞天的食肆「泉章居」。落座以後，周圍有推車來來去去，吃的各種小東西都看不出是用什麼高深莫測的原料做的。那些食物的口感是我從未體驗過的：鬆軟、黏糯、緊繃、滑溜。

那時候的我十幾歲，已經是個熱衷於烹飪和冒險的「吃貨」，還在母親的影響下養成了遇到新菜品就進行分析的習慣，總在努力猜測一道菜是怎麼做出來的、用什麼做的。然而，在那頓週日的午餐之前，我吃過最接近真正中餐的東西，就是偶爾嘗試的外賣油炸豬肉丸（咕咾肉），配上顏色鮮紅的糖醋醬汁，還有罐裝竹筍炒雞，以及蛋炒飯（對了，這個我還挺喜歡吃的）。

在泉章居，我興奮與困惑的程度不相上下。我什麼都想吃，所以嘗了人生第一個雞爪，是用豉汁蒸的；我還吞下了滑溜溜的神祕「粉卷」（腸粉），裡面包著大蝦，以及一塊塊白色的餅狀物。大多數小吃我都完全猜不出成分，也沒有判斷其好壞與否的標準。我懷疑，要是沒有麗兒，我應該永遠不會冒險進入這樣的餐廳。那頓點心午餐只是單次的冒險而已。那時的我，還不知道中餐將成為貫穿我人生的一個執念。

一直到好幾年後的一九九二年，我才開始了多次中國之行的第一次。我背著背包暢遊了這個國家，從廣州到陽朔、重慶，還有北京。和很多外國旅行者一樣，我因為對中國認知不足，又無法說讀中文，一路困難重重。除了幾道像北京烤鴨那樣的名菜之外，我不知道自己應該吃什麼，也不知道去哪裡尋找美味。進了餐館，我也完全摸不著點菜的門道。我在那次旅途中的飲食體驗可謂相當隨機而慌亂，毫無計畫。

重慶的一些菜餚讓我畏縮，因為裡面充滿了我以前從未嘗過的「可怕」香料——花椒。我的唇齒與一些橡膠口感的東西纏繞扭打，我覺得這些東西可能來自某種動物的消化器官。在桂林，我遭遇了騙子宰客，他們說我吃下肚的一隻油炸鵪鶉是珍稀的野生鳥類。當然也有一些亮點，比如我在粵菜館吃的炒蛇肉和令人驚豔的點心，這些都出現在我那本《孤獨星球》（*Lonely Planet*）旅遊指南裡。但很多時候我都窩在背包客聚集的咖啡館裡，吃著那裡簡單的家常菜餚，看著被翻譯成「洋涇浜」英語的菜單。

不過，我已經被中國迷住了。回到倫敦以後，我開始上夜校學中文，並且和朋友們約在唐人街吃晚飯，面對菜單上那些大多從未聽過的食材和菜餚，隨機地點菜嘗試。我記得自己很喜歡被一絲絲芋泥包裹油炸的芋泥香酥鴨，還有上面蓋著雲一般的蟹肉泥的翠綠蔬菜，但我其實根本不清楚自己在做什麼。有時候我會犯後來才意識到的「中餐館大錯」：點套餐。這些套餐幾乎無一例外地充斥著中國人幾乎不吃的「傻瓜菜」，但我壓根兒不知道自己錯過了什麼，對面前的食物相當滿意。

直到後來，我在中國旅居了比之前長得多的一段時間。在那一年半裡，我在四川大學學習中文，接受了專業廚師的烹飪訓練，還漫遊了全中國。之後再度歸國，唐人街才成為我倫敦生活不可或缺的部分。我已經開闊了眼界，見識了中國地方菜系無窮無盡的多樣性，以及整個中餐烹飪文化的博大精深。我在倫敦家中也會做川菜，總是很想說中文，在各種意義上渴望著中國的一切。我去唐人街購買食材，還找到幾個在川大時交的朋友，他們分別來自加拿大、義大利、俄羅斯和英國，都住在倫敦，我們一起在唐人街享受悠長的點心午餐。

唐人街是家，也不是家。是，我們是可以吃到某個版本的中餐粵菜，用生硬的普通話與粵籍服務員交談。那裡的雜貨蔬菜店和魚販子是重要物資的來源，包括基礎調味品和偶爾可得的珍品，比如稻殼和泥巴包裹的皮蛋（從中國送來時，它們被裝在裝飾著龍紋圖案的陶土大缸裡，後來因為歐盟的相關規定，這種運輸方式被取消）。但香港和南粵離四川太遙遠了，飲食習慣也大相徑庭。唐人街根本沒有一家正宗的川菜館。以前，中餐在我心中是個籠統的概念；現在我則明白，粵菜只是無數不同風格菜系中的一種。我想念自己在四川省愛上的那種菜系。

彼時我已經對花椒上了癮，但唐人街出售的花椒陳腐發霉且滋味全無，像受潮的炮仗一樣毫無亮點，而非天空中明豔的煙花。更遑論有四川辣椒售賣——唯一的辣味豆瓣醬是李錦記的香港版本，用倒是能用，但缺少正宗郫縣豆瓣醬那種幽深的香味。我想買「芽菜」，即鹹中帶酸、皺巴巴的醃菜，是乾煸豆角和擔擔麵中的靈魂配料；售貨員會給我「指路」，叫我去買豆芽，因為四川以外的中國人也把「豆芽」叫做「芽菜」。無論是溝通還是烹飪，唐人街的通用語言都是粵語，很少能聽到普通話。我在英國遇到的少數幾個四川人都得「自給自足」——每次回鄉都要在行李中塞滿香料，或者靠成都朋友投遞「愛心包裹」。

也是在這個時候，我開始了自己作為美食作家的第一份工作，為《閒暇》城市飲食指南年刊評論中餐館。粵菜占據了中餐館產業的大半壁江山，這叫我這個已經被熱辣刺激的川味慣壞的人十分沮喪。而唐人街甚至不是倫敦吃粵菜的最佳去處。但嘴最刁的香港人更喜歡去城中環境較好的地區，找那麼特定的幾家粵菜館就餐。但唐人街仍有很多令我興奮的地方。比如「五月花小菜館」，他們會細細打量你，看你不是那種喝醉了酒之後氣勢洶洶想來找茬的常客，就會給你一碟自製的泡菜和一碗糖水；江記，一家逼仄的小飯館，特色菜單叫人激動不已，上面有大蒜蓮藕慢燉鴨、豌豆芽加干貝醬；還有興隆咖啡館（Hing Loon café），他們家的五香鴨心叫我嘆而思蜀。

不過，唐人街的餐館常常把最好的菜藏在西方人從來不看的中文菜單上。如果你能讀中文，就能在那份菜單上找到需要一定「進食技術」的骨頭、豐滿油滑的肥肉和脆韌的軟骨；臭鹹魚和帶殼的大蝦；皮蛋和苦瓜。在中國旅居那麼些時日之後，這些正是我想吃的東西；我也嘗試著鼓勵《閒暇》的讀者們去試一試這些菜。但通常情況是，我點了比無骨炒雞或香酥鴨更有挑戰性的菜品之後，服務員會勸我放棄，引導我去點那些千篇一律的套餐——那是中國人絕不會點的。

「你們怎麼不翻譯一下這些最佳菜式呢？」我仔細研究著那誘人的中文特色菜單，並這樣問道。整個唐人街的服務員都會告訴我，如果給西方人端上中國人最愛吃的那類菜，他們通常都會找麻煩。帶骨肉和軟骨常讓他們抱怨連連，他們還會把帶殼的大蝦送回廚房；如果雞肉還有骨頭，而且骨頭周圍的肉還帶點粉色，他們會驚駭不已；服務員端來肥肉，他們會說這是廉價豬肉，指責餐廳誆騙顧客。一次，我在發表的文章中大肆宣揚了一番潮州滷鴨配滷水豆腐，據我所知，這在倫敦可謂獨一無二。等我再去那家餐廳時，這道菜已經從菜單上消失了。我找服務員詢問原因。「西方佬抱怨菜裡有骨頭，還有分量太小，」他對我說，「太麻煩了，不值得。」

一位唐人街資深女服務員告訴我，非華裔的客人會在吃完飯之後假意抱怨，並拒絕為他們認為「不能接受」的菜品買單，這是個經常出現的問題。在唐人街的餐飲界，吃了飯之後拒絕付錢的行為被稱為吃「霸王餐」。我就在個人最愛的中餐館之一「五月花小菜館」，目睹過一次鄰桌做出這種行徑。一對穿著考究的年輕英國情侶，晚餐已經吃完了，卻抱怨說餐食不值菜單上那個價。與服務員爭論之後，他們拂袖而去，說他們留下的錢就是自己心中這頓飯真正值得的價格。後來我和那位服務員聊天，他受傷又憤怒，生著悶氣：「如果是在法國餐廳，他們肯定不會這樣做，對吧？為什麼在這兒撒潑呢？」

服務員們大多被這類「暴君」式的粗魯行徑搞得心力交瘁，而且反正說起英語來也很吃力，乾脆就放棄了向西方人推銷正宗的中餐。像我這種能夠看懂中文也有正宗中餐飲食經驗的人，還有那些有中國朋友或伴侶的人，都能在唐人街吃得很好。有些人可能熱衷於嘗試有趣的菜式，卻對中餐知之甚少，也得不到服務員的鼓勵和幫助，他們想體驗美食就要難一些。點一頓精彩的中餐，需要經驗和了解；要讓菜品講究「天時、地利、人和」，達到和諧圓滿，這是一種藝術。正宗中餐的有些方面對外人來說天生便是一種挑戰，比如欣賞歐洲飲食傳統中並不存在的「口感」元素。除非西方人能學會吃帶骨肉、軟骨和凝膠感的海鮮，不然就免不了對一些昂貴的中餐感到厭惡或困惑。（中英菜單分開可能會顯得「很懶」，但也是為了讓西方顧客方便舒服。苑明〔Yming〕中餐廳的老闆丘玉雲〔Christine Yau〕如此解釋道。）

不知何故，一九九〇年代，在越南菜、日本料理和泰國菜重塑倫敦對亞洲餐飲的認知時，中餐卻陷入了一成不變的困境。也許原因很簡單，就是中餐和所謂的印度「咖喱」一樣，是最早來到英國的亞洲美食之一，並且在中餐全球化之前就被迫調整以適應英國人的口味。中餐廚師和餐館老闆們做出了一些妥協；這些妥協也許在過去是必要的，但被封凍在時間之中，沒能跟上不斷變化的口味。而事到如今，儘管唐人街有正宗的中餐，但由於文化差異和彼此偏見形成的僵局，彷彿已經注定只有華裔客人才會喜歡這些菜餚。

有太多的英國佬仍然認為中餐是廉價的垃圾食品，或者是有著可怕的異國情調。一些新認識的朋友聽說我對中餐感興趣，問我的第一個問題往往是：「你吃過最噁心的東西是什麼？」二〇〇二年，《每日郵報》刊登了一篇臭名昭著的文章〈呸！切個屁！〉，告訴讀者們，「中餐是全世界最靠不住的食物。做中國菜的中國人會吃蝙蝠、蛇、猴子、熊掌、燕窩、魚翅、鴨舌和雞爪……點中餐外賣的話，你永遠也不能確定筷子夾起來的、滲著水加了螢光色素的東西到底是什麼。回想一下你上次點的粵式糖醋咕咾肉吧，你真的確定它們不會在黑暗中發光嗎？」這篇文章觸犯了眾怒，中餐館的老闆們遊行到報社門口進行抗議。英國，一個不久前還因為糟糕飲食在全世界臭名遠揚的國家，竟然會這樣看待世界上美食文化最博大精深的國家的飲食，這在我眼裡實在是不可思議。

也許《每日郵報》那篇文章是針對中餐舊有偏見的最後一聲吶喊，因為在那之後的十年，一場「革命」悄然興起。英國人的口味更加大膽冒險：由邱德威（Alan Yau）開創的「客家人」（Hakkasan）中餐廳於二〇〇一年開業，更讓中餐的形象光輝起來，並助力中式點心「鯉魚躍龍門」般跳出了貧民區。中國經濟的崛起、衣著光鮮的中國大陸富人出現在倫敦，這些都在整體上提高了中國文化的地位。英國旅行者的足跡也開始遍布中國，他們回來的時候，對正宗的中餐充滿興趣。

在唐人街，很多移民第二代的粵人已經不幹餐飲了，中國的開放也掀起了新一輪的移民潮和遊客熱，他們來自福建和其他省分。在唐人街的語言系統中，普通話開始跟粵語抗衡；不同的地方菜系也開始滲入粵菜館的後廚。川菜大行其道之外，還能找到上海小籠包、臺灣滷肉飯、北方包子和一系列的福建與東北風味菜餚。儘管千篇一律的套餐菜單和祕密的特色菜單依然存在，但要找到一盤盤「辣椒火海」中的麻辣味肚條、鴨舌和滑溜溜的海鱸魚，已經並非難事。中國地方菜系的多樣性之驚人，也許唐人街仍然只處在其邊緣，觸碰到一點皮毛，但也算是有長足發展了。

最後，對於像我這種長期接觸不到優質中國特產的「廚子」，最令人激動的莫過於食材的供貨有了爆炸性的增長。曾幾何時，唐人街雜貨店的調味品只能滿足粵菜廚師的需求；而現在，光正宗的四川豆瓣醬就有六個牌子，任君選擇，還可以買到紹興霉豆腐、潮州橄欖菜和山西陳醋。曾經難得一見的蔬菜已經隨處可見：蒜薹、新鮮荸薺、百合與韭黃。最棒的就是「毛記農場商店」（Mrs. Mao's farm shop），就是在一堵牆上開了個洞，售賣中餐裡經常要用到的蔬菜，都是在毛太太自己的小農場種植的有機菜。她的農場位於有「英格蘭後花園」美譽的肯特郡。居家進行中餐烹飪的可能性，如今是無窮無盡了。

中餐點菜，是門藝術

（發表於《金融時報週末版》，二〇一九年九月刊）

在中餐館為一群人點菜，最好是做個「獨裁明君」。一頓好餐，需要各種形成鮮明對比的元素達到和諧共存；食材、味道和口感都要多樣，讓人食指大動。如果一群人裡每個人都只顧點自己想吃的菜，最終這一桌子菜會呈現一邊倒的混亂局面：好幾道有雞肉的菜、好幾道油炸菜，或好幾個糖醋味型的菜。這些菜餚單吃可能都挺美味的，但合在一起，可能就過猶不及，或者單調膩味。

一頓好的中餐，就像一部上佳的音樂作品，高低起伏、光影交錯，溫柔的旋律和激昂的節奏交相輝映。各種菜品達到完美的平衡，對味蕾的刺激撫慰交替出現，絕不會讓人起膩而倒胃口。這樣的一餐應該是一場讓口腹與心靈都無比愉悅的感官之旅。正如最近一位資深川菜廚師對我說的，在一場宴席上，佳餚大菜總要與不那麼起眼的小菜穿插上桌：「要是每道菜都是那麼引人注目，就沒有哪道能真正給食客留下深刻印象了，對吧？」

達成平衡和多樣性，極力避免重複，這樣的關鍵性原則同樣適用於食材、烹飪方法、顏色、風味、形狀和口感。就算在以麻辣火熱菜餚聞名的四川，一頓合宜的餐食之中，除了那些讓你雙脣麻刺、肺腑起火的菜餚，也得有白米飯、湯和蔬菜。多年前，我在西班牙北部的「鬥牛犬」餐廳（El Bulli）和川菜名廚喻波共進晚餐，那是當時全世界最前衛的餐廳。喻波驚訝地發現，即便在這樣一家餐廳，菜餚都是「物以類聚」的：所有的海鮮先上，接著是肉類和野味，最後是所有的甜味菜餚。如果放在中餐的語境下，這樣就沒法將相似的食材分而用之，再使其穿插交匯了。

中國文化尤其注重飲食，這反映在對烹飪無限可能性的關注上。此外，在中國的美食宇宙中，愉悅與健康一直以來都是密切相關的。一頓大餐，要稱得上一個「好」字，不能光有刺激脣舌的口味，還要講究健康養生。我曾經和一位馬來西亞華裔朋友一起去英國國寶級大廚赫斯頓・布魯門撒爾（Heston Blumenthal）坐鎮的「肥鴨」餐廳（Fat Duck）。那頓飯妙極了，十分美味，想像力豐富得令人難以置信，菜品中蘊含著巨大樂趣。但我們在連吃了幾道美妙甜品後因為攝入糖分過量而昏昏沉沉，我的華裔朋友說，最後這幾道菜都是濃郁、甜蜜而沉重的。「如果是中餐宴會，」她說，「就算有四十道菜，收尾也是喝一道清淡的湯，或者吃點新鮮水果，這樣你才能舒服地回家去睡個好覺。」

那些最受讚譽的西餐，似乎通常只會著重去取悅味覺，忽略了健康和平衡。消費時尚搖擺不定，一會兒傾向於可能引起痛風的過量飲食，一會兒又追求贖罪式的粗茶淡飯：今天暴吃一頓淋了荷蘭醬的牛排，還要配上「三製薯條」[1]和巧克力熔岩蛋糕；明天就變兔子，吃生羽衣甘藍和藜麥拌的沙拉。而在中國，你可以在一餐中放縱自己暴飲暴食，也能同時吃下「解藥」。老話說得好，「醫廚同道」，「藥食同源」。

正因如此，中餐中很多菜餚都樸素低調，中文有個詞形容這類菜：「清淡」。「清」字的含義有「清晰、安靜、純粹或誠實」；「淡」字可以解釋為「輕巧、虛弱或黯淡」。「清淡」一詞翻譯成英語通常是「bland」（乏味）或「insipid」（無味），這聽

1 三製薯條（thrice-cooked chips），經過三次烹調做出來的薯條，由於經煮熟，再炸兩遍，外皮十分香脆。

著就沒意思：誰會點一道「insipid」菜啊？大多數西方人進了中餐館都不會點比較清淡的菜，因為和令人眼花繚亂的鮮豔紅油、糖醋醬汁和油炸餃子比起來，清淡菜顯得黯然而沉悶。它們的確如此，但關鍵是本該如此啊！西方人對中餐所持的態度中有一大諷刺，就是他們通常會點中餐菜單上那些糖醋味、鹹味和油炸的菜，轉頭又抱怨中餐不健康，吃完第二天搞得人「腹脹噁心」（這個形容出自最近紐約餐廳「好運李」（Lucky Lee）的初期宣傳，引發很多批評）〔2〕。要判斷一家中餐館的主要目標客戶是否西方人，有個萬無一失的辦法，就是看菜單上是否缺少清淡的菜餚，而只著重於吸引眼球、麻辣鮮香的食物。

吃中餐，要安排出個好菜單，需要深思熟慮。為了達到最佳效果，需要盡量避免主要食材的重複，菜品要囊括一系列不同的肉類、海鮮、豆腐和蔬菜。煎炸的菜餚焦香乾爽，與之平衡的話，就要點個湯或者液體含量較高的菜。除了炒菜之外，最好考慮點一些煮菜、燒菜或蒸菜。吃了含有豐富深色醬汁的紅燒菜或辣菜這些重味之後，調味清淡的蔬菜能讓脣齒清爽。糖醋味型或加了豆豉醬的菜，不要超過一道。如果一道菜中的主材被切成了細絲，也許下一道就應該是切塊或切丁。要「善待」稀薄而清爽的湯和簡單的綠色蔬菜：它們單獨吃可能比較平淡，卻能夠襯托那些比較吸引人的風味（而且還能避免重複單一）。

即便是最簡單的一餐，也可以將各種對比鮮明的元素進行平衡：白米飯、一道美味的肉蔬組合、一份清口的湯（可以很簡單，比如直接用把米煮到半熟得到的米湯），再來一小碟辛辣的泡菜。而宴席上就可能會有多種多樣、令人眼花繚亂的菜餚。（難怪很多中國人覺得，一頓飯只嚼一塊肉、只吃一堆馬鈴薯，也太單調乏味了。）

過去，由於語言障礙和極為糟糕的菜單翻譯，不懂中文的人遭遇了嚴重的阻礙。如今，配有菜品照片的菜單流行起來，讓點菜變得容易多了，因為你可以看到一道菜大致的樣子：乾還是溼；辣還是淡；是辣椒紅、醬油黑還是新鮮綠；是厚重還是雅緻。當然，點菜是一門藝術，磨鍊技巧需要時間和經驗。不過，只要考慮到平衡和多樣性這兩個原則，就有可能構建一個比之前愉悅得多的菜單；比起讓每個人自由發揮，這會讓你和你的客人飯後更為舒服。

2 二〇一八年，白人營養學家哈斯佩爾在曼哈頓開了「好運李」（Lucky Lee）餐廳，店名來自她的猶太裔白人丈夫，他剛好姓 Lee。該餐館宣稱要為食客提供「乾淨的中餐」，認為傳統中餐不健康、不清潔。種種言論引發了各方爭議。

我說過，掌握了在中餐館點好一桌菜的技能，是我人生中最自豪的成就之一。這話是半玩笑半認真的。我為晚宴或在餐廳裡計畫中餐菜單時，首要的考慮就是客人們：他們是什麼樣的人？會喜歡什麼菜？他們是渴望冒險，還是已經筋疲力盡只想舒適為上？他們會更偏愛豐富強烈的風味，還是更為清淡的味道？他們是中國人嗎（有些元素，比如一道清淡的湯，對中國人的口味來說是更重要的）？當然，還要考慮到他們有什麼不喜歡吃的、忌口或者過敏？如果大家身在中國，我也會考慮當地的特色菜以及時令——可能會問一下服務員餐廳目前有沒有什麼當季菜限時供應。

我通常會先打個草稿，寫下可能的菜品清單，然後在腦海中勾勒出每道菜的味道，試著想像這些菜擺在一起會有什麼樣的效果。接著我會剔除那些可能有重複風險的菜；如果覺得需要對比中和，就再加上別的。如果我不瞭解當前的餐廳，又要為一大群人點菜，就會盡量比客人早到一個小時，這樣就可以通覽菜單（一般來說都很長），不慌不忙地點菜。如果我和大家同時到達，朋友們通常會自己點一些酒水，把菜單扔給我，他們明白，在我準備點菜之前，都不會理他們。帶「吃貨團」在中國旅行，就更具挑戰性了，因為我希望每頓飯都能有迷人的新風味和烹飪主題登場，而重複則盡量少，可以少到忽略不計：這就像在美食餐桌上譜寫華格納的歌劇《指環》（*Ring Cycle*）。我的希望是人人都覺得食物美妙得無與倫比，而我籌畫這桌菜的努力則能夠「事如春夢了無痕」。

我明白，大部分人不會像我這麼痴迷中餐。但應該記住的是，只要在點菜時多花一點心思，你的中餐飲食體驗就可能有極大改變。我不會忘記，一個朋友去我特別喜歡的一家上海本幫菜館吃飯，但並不喜歡，因為他發現菜品都顏色棕黑、味道很重。我堅持馬上帶他回到那家餐廳，用心地點了菜，用更為清淡雅緻的口味來平衡本幫菜裡「濃油赤醬」的著名美味紅燒菜品。如我所料，他的看法發生了一百八十度的大轉彎。同一個餐廳，同一個食客，兩極分化的評價：奧妙全在點菜之中。

在中國吃起司

（發表於《金融時報週末版》，二〇一一年五月刊）

午飯時間，在中國古城紹興最著名的餐廳咸亨酒店的包廂裡，我打開那些從倫敦萬里迢迢帶來的密封塑膠盒，農場自製起司隱隱的臭味逐漸飄散開來。圍坐桌邊的中國廚師和服務人員警惕地看著那些起司。只有那兩個比較年輕的廚師以前算是見識過起司（也就是在上海一家酒店接觸過一次，還是那種「安全無害」的包裝起司）。其他人，包括經理和咸亨酒店的行政總廚茅天堯，都從來沒有品嘗過任何種類的起司。

起司並非中國人喜聞樂見的食物。這麼說算是委婉的了。自古以來，乳製品都被認為是住在國土邊疆地區遊牧民族的吃食，而這些民族的人們當時則被視作可怕的「野蠻人」。漢族人，除了少數引人注目的例外，基本完全不吃乳製品：無論曾經還是現在，很多漢族人都有乳糖不耐症。近幾年來，在西方生活方式的影響下，中國的父母開始讓孩子喝牛奶，這個群體的購買力促使全球牛奶價格飆升。然而，在人們的普遍認知裡，起司依然是一種「化外之物」。少數講究的上海人也許會吃斯蒂爾頓藍紋起司（Stilton），就像也有講究的倫敦人吃牛肚和肥腸；但很多人都從未嘗過起司是什麼滋味。人類學家尤金．安德森（E. N. Anderson）訪問的一個中國人說起司是「老牛一些內臟中分泌的黏液，任其腐爛而成」。

然而，如果說中國人不屑於歐洲人喜食的臭起司，他們自己卻也喜歡一些會讓外國人驚懼的臭味食物。離浙江省會杭州只有一小時車程的紹興，最著名的特產是黃酒，但也是中國的「臭霉菜之都」。我第一次去紹興是為了品嘗黃酒，但多去幾次之後，就迷上了那裡的臭霉菜：不僅包括名聲相對較大的霉豆腐，還有「霉千張」（用豆腐皮製作），以及各種帶腐爛味道的蔬菜。所有的臭霉菜初嘗都令人震驚，那味道粗獷樸素、溼潤刺激，如同穿舊的襪子，但又有種奇怪的吸引力，特別叫人上癮。「霉千張」讓我想起一種高度熟成的斯蒂爾頓起司最接近外皮的那部分，黃色的、沙沙的、髒兮兮的，味道直衝你的鼻腔，卻無比美味。總的來說，我認為這些霉菜佳餚的奇異風味和難聞香氣帶來的感官體驗，與熟成的臭起司一般無二。

我數次前往紹興，總會想，當地人如此熱愛霉豆腐和霉菜梗，那麼對發霉的牛乳（別名「起司」）又會有什麼看法呢？最終，在二〇一〇年的春天，我把一箱來自倫敦傳統奶酪店「尼爾牧場乳品」（Neal's Yard Dairy）的手工起司帶到紹興，其中包括那家店裡最臭的一款。我的選品有比較溫和的馬爾島硬起司（Isle of Mull），想先讓大家試試水；斯蒂切爾頓（Stichelton），一種未經殺菌的斯蒂爾頓起司；顏色灰白、能看見脈紋的哈考特藍紋起司（Harcourt Blue）；阿德勒漢（Ardrahan），一種洗浸起司，臭味相當濃郁，我非常喜歡；米林斯（Milleens），也是一種洗浸起司，味道很衝，帶著農場的感覺，在熟成過程中會逐漸形成隱隱的氨氣味；最後是臭味很狂野的莫城布里起司（Brie de Meaux）。我這一路走了一個星期，等到紹興時，各種起司都熟成得正正好，有的已經開始滲出液體。

在咸亨酒店，服務員把起司切成小塊，聚集在一起等著品嘗的人們紛紛拿筷子夾起起司，先聞再嘗。起司和臭味豆製品之間的共同點讓我驚訝，而面前這些餐飲專家則立刻注意到兩者的不同。「雖然起司和霉豆腐的風味在某種程度上是類似的，但霉菜類食品是非常清口的，味道很快就消散了；而乳製品很膩口，完全包裹住你的舌頭和味蕾，餘味很長，揮散不去。」茅天堯說。

另外兩位廚師說起司有很重的羶味。「羶」在中文中自古有之，南方人用以描述那些與北方遊牧民族相關的、略微難聞的味道。「蒙古人和新疆人身上就有這種味道」，一位廚師聞著哈考特藍紋起司，如是說道。另一位說這起司「聞著有一股俄國佬的味道」，接著補充說：「區別在於，中國人吃的臭東西只會讓他們的口氣發臭，而臭味乳製品會影響從皮膚上滲出的汗水。」（很多中國人都說他們能從西方人的汗水中聞到牛乳的味道。）

中國腐乳（紹興叫做「霉豆腐」）是一種風味濃郁的小食，可以直接食用，也可以做醬料和醃料。它總讓我想起熟成的藍紋起司，特別是洛克福；但這些面前擺著一塊美麗的斯蒂爾頓、正在品嘗起司的紹興人，對我的看法表示不敢苟同。「的確有種豐富的鮮味，」陳菊娣師傅說，「但也有一種苦苦的後味，我們這個地方的人是絕對不會喜歡的。」「很細緻，很軟和，但有點膩，」孫國樑師傅說，「我個人是忍得了，但那種很重的奶味和羶味，我覺得在這兒不太能賣得出去。」有好幾個人都很排斥「馬爾島」的那股酸味，而我偏偏以為這一款是最溫和無害的；他們還不能接受這款起司澀澀的餘味。「我們的霉千張就沒有那種酸味。」茅天堯說。

他們覺得最可口的起司，一是哈考特藍紋（「這個很接近紹興的口味，不苦也不酸，也比較清口。」茅天堯說。），二是米林斯。這讓我很驚訝，因為這款起司味道很重，散發著一股氨氣味，我懷疑那些已經習慣了超市販售起司清淡氣味的歐洲人，可能都會有點接受不了米林斯。「我覺得這兒的人應該能受得了這款起司。」茅天堯說。「有一股很不錯的鹹鮮味，也不算太臭、太酸或太苦。這個我不覺得臭。」陳信榮說。

唯一真正讓席間各位驚惶不已的，是布里起司。「有種動物的腥臭味，太衝鼻子了。」戴建軍說。「這肯定是最臭的，我真是受不了。」茅天堯說。在座的大部分人都同意這個評價。只有廚師孫國樑很喜歡布里，「味道很複雜，就像臭豆腐、霉千張和霉豆腐混合在一起。」

把起司作為「前菜」品嘗（看在座各位的反應，我很難說這前菜是「開胃菜」）之後，我們又品嘗了一些紹興當地的臭霉菜，以做比較。我不得不同意他們的觀點：儘管「蒸雙臭」（臭豆腐和臭莧菜梗）有一股叫人聞而生畏的強烈氣味，但吃到嘴裡其實是很清口的，爽朗如鐘鈴脆鳴，嘴裡那股味道很快就消散了，不會像起司一樣，奶味在脣舌間久久纏綿不去。一塊塊的霉豆腐也是，即便有乳脂一樣的口感和味道，卻不會多做停留，味道很快就消失了，留下空間供你去品嘗之後上桌的清淡湯羹和燉菜。作為一個熱愛起司的人，這頓飯吃到最後，我也逐漸明白，為什麼紹興人會對布里起司嗤之以鼻，轉頭又對臭味能瀰漫整個街區的臭豆腐樂此不疲。不過嘛，我也對一個問題著迷起來：琥珀色的紹興特產黃酒味道醇厚，與當地這些臭霉菜的發酵風味相得益彰，如波特酒配斯蒂爾頓起司一樣，實乃天作之合。也許，下次的品嘗會，我應該召集一群歐洲的品酒行家，擺上一桌子紹興黃酒和起司……

中式餐配酒

（發表於《金融時報週末版》，二〇二〇年一月刊）

鼠年到了，辭舊迎新的方式只有一種，就是來一頓豐盛講究的年夜飯，最好吃完了再在午夜放上一陣兒煙花爆竹。在中國的農村，傳統的家庭年夜飯通常會有大量的豬肉，由某頭家養的豬貢獻；在特殊儀式之下宰殺一隻公雞，做成雞肉菜；一條整魚；以及各種其他的菜，總之盡量做到豐盛。年夜飯之後就是持續好幾天，甚至好幾個星期的吃吃喝喝、串門社交。不過，吃這些大小年菜的時候，喝什麼呢？一直到不久前，最可能出現的答案都是大人喝高粱釀製的高度白酒，孩子就喝軟性飲料。但越來越多的中國人，尤其是城裡人，都開始傾向在特殊場合喝紅酒。

今年，中國有望成為全世界第二大葡萄酒消費國，緊隨美國之後[1]。這依然是個小眾市場：人均消費額還是很小（中國在此項目上的世界排名只是第三十六名），但的確在增長。而一些跨國葡萄酒公司也將注意力集中在中國，很多都在努力解決一個問題：找到葡萄酒與中餐的最佳搭配。這些公司常常會舉辦一些活動，來探索食物和葡萄酒搭配的可能性。探索中採取的方法論往往是一致的，都是取自西方的配餐慣例：對每道菜進行單獨考量，為其尋找合適的葡萄酒來搭配。

在北京附近就舉行了這麼一次餐配酒的會議，我是某個評判小組的一員，很多同仁都是中國的葡萄酒評論作家和侍酒師，我們大家的任務是要為特定的菜餚尋找完美搭配的葡萄酒。我們大口吃著加了精緻綠色醬料的炒大蝦，分別搭配了十幾款不知名的葡萄酒，看哪一款能達到驚人的和諧，哪一款又格外不搭調。接下來還有三道菜——北京烤鴨、宮保雞丁和涼菜滷鴨肝，同樣的過程再重複三遍。其他評判小組每個都由中西專家共同組成，他們坐在其他桌，面前是和我們不同的經典菜

1 中國成為世界第二大葡萄酒消費國的參考資料：https://www.thedrinksbusiness.com/2017/03/china-to-become-second-largest-wine-consumer-by-2020/

式，做的是和我們一樣的事情。最後，有人對我們給的分數做出綜合統計，得分最高、與每道菜最搭配的酒被授予獎盃。這場餐酒會讓我們有很多發現，比如香檳很配粵式點心、麗絲玲搭著宮保雞丁喝特別美味。

這樣的活動叫人著迷，但真的有用嗎？在真實的中餐桌上，翡翠大蝦、辣子雞和有著油亮外皮的鴨子很可能同時出現，還有炒時蔬、鹹味的湯和其他菜餚，五花八門，琳琅滿目。客人們會品嘗到極其豐富的味道，每一口都跟前一口有所不同，那麼知道每一道菜和某一款特定的酒搭配得很好，又能有什麼大用處呢？人們圍在一張大桌子前吃飯，每人面前同時擺六個八個酒杯隨時品嘗，這種可能性是微乎其微的；更不用說要給每一道菜搭配完美的佐餐酒，需要多大的耐心與協調能力。

正如華人酒業專家王孜（Janet Z. Wang）在著作《中國葡萄酒的復興》（*The Chinese Wine Renaissance*）中所解釋的那樣，中國自古以來就在生產葡萄酒。然而，現代葡萄酒飲用文化在中國還處於起步階段。那麼，渴望探索葡萄酒與餐食搭配可能性的中國人，是否應該就此向相關經驗豐富的西方學習呢？很多葡萄酒推廣者似乎已經得到了肯定的答案。然而，中國有獨特的飲食文化，而且對西方葡萄酒佐餐的慣例構成了十分具體的障礙。

首先，大部分中餐的上菜方式都是「家常式」，而不是分成前菜、主菜等按順序上桌，所以人們時刻都要同時面對多種多樣味道各異的菜餚。所以，即便黑皮諾與你正用筷子夾著的那片烤鴨是完美搭配，那又如何呢？你的下一口可能是一塊清淡的蒸魚。飯菜越好，菜品種類就越會豐富得撩撥神經：一場正式的中餐宴席，至少會有八道熱菜，加上多個開胃小菜和小吃。真要一道菜配一道酒，那簡直難於登天。常駐北京的葡萄酒評論作家、《金融時報》中文網撰稿人謝立認為，上酒的時機也是個大問題。「在中餐廳，很多菜品都是以很快的速度接二連三上來，一齊擺在桌上，所以如果你不慌不忙地喝一杯酒、嘗一道菜，其他的菜就涼了。」

給某些特定菜系搭配葡萄酒，又會出現很具體的問題：比如口味普遍偏重的川菜，川菜館的菜單上一般會有很多種菜品；除此之外，很多菜本身就是「一菜多味」，結合了甜、酸、鹹、辣和堅果味，狂野刺激，很難搭配。含有單寧酸的紅葡萄酒尤其容易與辣椒之辣相衝突。另外，如果花椒的麻味在嘴裡盡情跳躍，誰又能真誠地說自己還能充分欣賞一款上乘的葡萄酒呢？

還有很重要的一點：在西方飲食中，葡萄酒常常被用來平衡彌補一道菜的某一個特質。乳脂質地或油脂含量高的菜，有時候急需葡萄酒的酸度和澀度來中和菜品的濃郁；甜葡萄酒的酸味可以讓一道甜品吃起來不那麼膩人；吃牛排或薯條這種比較乾的菜時，也可以搭配葡萄酒作為飲品，爽口提味。然而，一個精心設計的中餐菜單本身就暗含了充分的和諧與平衡：比較乾的菜餚通常會搭配湯羹以清口；辣菜會與清淡菜相輔相成；油炸的美味會配一碟爽口醋做蘸料；讓感官得到極大滿足的肥厚肉類會搭配鮮嫩的蔬菜……如此種種。

就算只上一道菜，其本身的整體和諧也通常是經過了深思熟慮的。以北京烤鴨為例：多汁的肉、油亮的皮，會配上脆嫩的大蔥絲以「解膩」、甜麵醬以提味、白味的薄麵餅以調和其濃郁。用葡萄酒佐中餐可能也不錯，但從飲食的角度來看幾乎沒什麼必要。

另外，很多味道清淡低調的中餐菜餚，本就旨在突出上乘食材的本味，比如我們在餐酒會上品嘗的炒大蝦。這種味在微妙的菜餚如果配葡萄酒，可能就品不出什麼味道了：那些大蝦低調謙和、美味多汁，但就算是那組葡萄酒中味道最溫和的，也會把它們衝得完全無味。這種情況下，一道清湯與其作配，也許才是良緣。從更普遍的意義上說，很多粵菜和華東地區的菜餚都崇尚簡潔精緻的優雅，強加上風味過於濃烈的葡萄酒，可能就毀了。

還有個簡單直接的情況，就是每個人的口味也不同。我參加過很多中西同仁濟濟一堂的餐酒會，每一次會上都會出現大相徑庭的搭配意見，通常與文化差異有關。在前文提到的北京餐酒會上，評委們為糟溜魚片該搭配什麼酒爭論不休：西方專家偏愛一款酸味較強的白葡萄酒，與這道菜溫和的甜味形成對比；而中國專家則全體傾向於一款甜白酒，與菜餚琴瑟相和。類似的情況時有發生。最近，我的一位中國朋友開了一瓶加拿大甜冰酒來配北京烤鴨，他認為這瓶酒冰爽甜蜜的果味與烤鴨是完美搭配，而很多西方專家則認為與烤鴨最搭的葡萄酒是黑皮諾。

總體上來說，中國人會比較偏愛單寧含量高的波爾多紅酒，西方人則認為這種酒和中餐產生了激烈的味覺衝突，不管是狂野辛辣的重慶江湖菜，還是南粵地區精緻美味的海鮮。波爾多紅酒受到青睞的原因，也許是因為聲望在外（在中國，「拉菲酒莊」已經成了奢侈品的代名詞之一），也許是因為紅色在中國文化中象徵著好運與歡慶，以至於它們與中餐的搭配程度倒不一定是考量的重點。在中國的好些餐酒搭配會上，我都感到很困惑，因為被選出來與微妙清淡的地方菜餚搭配的系列酒品中，單寧含量高的紅酒數量往往占了壓倒性的優勢。但是，如果說濃郁黏稠的希哈葡萄酒配炒蝦在西方口味中性質如同「犯罪」，該做最後評判的究竟是誰呢？常駐上海的葡萄酒評論作家、Inside Burgundy中文酒評網主編梅寧博向我指出，以中國口味來評判，西方人也犯下了很多令人髮指的「罪行」，比如往好茶裡加奶。

中國的風俗習慣和社交禮儀也與餐配酒的慣例「八字不合」。比較正式的一餐上，通常是用很小的杯子來喝高度白酒，要有例行的敬酒環節；如今，紅葡萄酒也被以同樣的方式飲用。隨意飲酒被視作一種不禮貌的行為；相反，你必須要舉起酒杯，向在座的一個或多個人敬酒，或等他們來敬你，才能喝一杯。這樣一來，按照西方的規矩，在吃菜的同時自由地喝酒就變得很難，會被視作粗野行為。（在中餐宴會上，我幾乎總會面對窘境：要麼是因為多次被人敬酒而違背自己意願，喝下過多的酒；要麼被迫克制自己，不在吃菜的同時配酒喝。）

中餐飲食世界倒也有些地方性的特殊情況，呼應了西方的餐配酒概念。比如，在因為黃酒而享譽已久的華東城市紹興，人們就嗜好「下酒菜」，其中包括一些風味濃郁的小菜，比如茴香豆和豆腐乾。這些小吃就像英國酒吧裡提供的薯片和炸豬皮一樣，能叫人吃得口渴，和酒搭在一起吃喝，相當愜意愉悅。中醫的理念也為餐中飲酒提供了一定的「准入空間」：比如，上海周邊的江南地區盛產著名的大閘蟹，被視為「性寒」的食物，因此總要搭配「性溫」的東西，包括薑、醋和紹興黃酒。

然而，總體上來說，西方的餐配酒慣例仍然可能將一種並不符合中國傳統的飲食模式強加於人。將葡萄酒與特定的菜餚搭配，這就意味著菜要一道道地分開上、分開吃，中國人憑什麼就要認為這種進餐方式上流精緻呢？大多數獲得西方標準下最高榮譽的中餐廳（包括首個獲得米其林三星的中餐廳香港龍景軒）都設有品嘗套餐，可選佐餐酒。隨著中餐廚師們對米其林等全球性口味裁決體系的意識逐漸提高，他們是否應該擔心侍酒師和酒單的缺席，會影響他們獲得認可的機率呢？（有趣的是，在西方推廣白酒的人們很少努力去勸說西方人按照中國的規矩來一輪一輪地喝白酒：他們只是一心想讓大家把白酒用來調雞尾酒。）

到了這個地步，也許該採取新的辦法了。在中餐環境下，實在不應再想著一款葡萄酒和一款菜餚這種搭配了。葡萄酒評論作家謝立選擇在自己的社交生活中做一種妥協：「我和朋友們喜歡把我們的葡萄酒分成幾組，從輕到重、從白到紅、從乾到甜。然後我們會點幾道中餐菜餚來搭配每一組酒，嘗上一輪。如果有某款酒特別配某道菜，我們可能會稍微提一句，但不會過於認真。」

在那場北京的餐酒會上，梅寧博對一群聽他講話的中國葡萄酒愛好者們說，不要被西方那些餐配酒的規矩嚇倒。「這些理論對中國人來說沒什麼用，你並不一定要用紅酒配紅肉……你可以做得不一樣。西方人開始從中國進口茶葉的時候，不也是這麼做的嗎？他們把中國的飲茶傳統進行了自我適應的調整。我們也應該對葡萄酒做同樣的事情，按照中國的體系和標準來運用它。我們不要再去想每道菜要搭配不同的酒了，簡單點就好：一張桌子上開幾款葡萄酒，隨心所欲地去品嘗，就和吃中餐一個樣。」

從個人的角度出發，我同意葡萄酒佐中餐的唯一合理方式，就是將其作為飯桌上的另一道「菜」。中國人吃飯的時候，通常會試試這道、嘗嘗那道，來形成自己的味道與口感序列。如果你剛剛吃了一點兒濃油赤醬的紅燒五花肉，接下來可能想來點兒清淡的炒青菜；如果你吃了一個口味溫和的炒蝦仁，後面也許想來一大塊糖醋魚；乾拌麵也許需要一口湯來送下肚去。關鍵是要接連不斷地製造令口腹愉悅的對比：清淡對濃烈、乾對溼、辛辣對溫和……這樣味蕾才不會疲累。

本著這種精神，我可能會在那濃油赤醬的五花肉之後，啜上一口酸酸的白葡萄酒；或者在清淡可口的大蝦之後，來一口果味濃郁的紅葡萄酒。這樣，葡萄酒就悄然進入了這個序列，為整體上的多樣性和風味添磚加瓦。在葡萄酒的大家庭中，有一些會更適合這種辦法：最好要避開單寧紅葡萄酒和橡木桶白葡萄酒，因為前者會讓味蕾緊繃，而後者的餘味縈繞不去，影響之後吃的菜餚。味道平衡的微酸甜酒與中餐應為良配，也許是因為甜酸（糖醋）口味本身就是中餐桌上與其他口味互相唱和的常客。擺脫了搭配慣例，葡萄酒就像羹湯，單純成為菜單的一部分，不需要打破中國的用餐習慣。

採取這種輕鬆方式的唯一問題，就是中國人不能那麼執著於自己的酒桌傳統：這一放鬆，可能也會被視為一種西化。然而，梅寧博那樣的中國葡萄酒愛好者，似乎已經在朝這個方向發展了。在上海這座全中國最國際化的大都市，各類美食家都在發展一種中西合璧的葡萄酒習俗，就像他們在其他一切相關方面所做的努力一樣。我曾與中國朋友在上海本地的餐館相聚，以非常鬆弛的姿態吃著一桌子豐盛的本幫菜，同時品嘗歐洲葡萄酒，大家都按照自己的節奏在喝。我也曾在倫敦見到具有國際視野的新一代中國年輕人，和他們一起享受上乘美酒配美味中餐的盛宴。

另外我還注意到，在過去幾年中，我結識的那些中國超級老饕們越來越迷戀威士忌，蘇格蘭的和日本的都喝。事實證明，威士忌和中餐竟然驚人地搭配，尤其是和各種各樣的辣味川菜放在一起，明顯比葡萄酒或白蘭地更好：那濃郁的芳香和強烈的酒精味，跟土生土長於中國的白酒具有某種共同的魅力。

讓我們祝願思想開放的年輕一代能一馬當先，為中國的葡萄酒和其他酒精飲料找到充滿自信的新道路，在尊重中國本身飲食傳統的同時，也能自由享受西方的種種樂趣。這樣的方式也可能為西方葡萄酒公司帶來經濟利益。正如寧博所說：「這些公司全部都想在中國賣酒。但如果他們真的想讓中國人掏錢買酒，就應該更努力地來適應中國的規矩。」

中國慢食

（發表於《金融時報週末版》，二〇一〇年）

水波湧起，巨大的木水車轉了起來，推動著一排石錘，打在下面大盆中深棕色的茶籽上，這是在做榨油的準備，而榨油機就擺放在這間屋子的另一端。油坊的空氣聞起來很濃郁，有股堅果香。一直到距今很近的過去，冷榨茶油（英語中稱之為「tea seed oil」或「camellia oil」）都是華南地區人民相當歡迎的奢侈食材，但現在已經基本被工廠生產的、價格更實惠的沙拉油所取代。在廣大農村地區，老式榨油機被閒置一旁；在某些地方，豐收的茶籽甚至就那樣放任不管，任其漸漸腐爛：對於農民們來說，採集茶籽榨油已經不再合算了。

以傳統古法製作茶油，過程緩慢，耗時很長。從美麗的油茶樹上摘下茶籽去殼，在陽光下晒乾後搗碎成粗粉。粗粉過篩，在燒木頭的爐子上乾烤，把香氣生發出來。烘烤後的粉末再進行蒸製，放進鋪了稻草的鐵環之中，壓成餅狀。最後一個環節就是冷榨：我見到的是兩個男人互相配合，把茶餅一塊塊堆疊進用中空樟樹樹幹做的巨大老式榨油機之中。等到樹幹中間基本填滿，他們就把木楔打入縫隙裡，先是用手，再借助天花板上用吊索垂掛下來的大重石。木楔子慢慢打進去，茶餅就被壓縮，暗金色的油滴緩緩成涓流，進入擺在下面的陶罐中。溫熱的油又光又滑，香氣襲人、撫慰人心，有股淡淡的焦香。

這個榨油坊位於浙江省南部湖山鄉附近的金竹鎮，距離省會杭州有三小時車程。這裡之所以仍在運轉，完全要歸功於戴建軍的努力。他是一個餐館老闆，一向以支持傳統技能和手工食品生產為己任。在為自己的杭州餐館「龍井草堂」尋找放養土雞新產地的時候，戴建軍聽說了這個作坊的存在。龍井草堂專做西方人口中的「有機食品」，中國人有時稱之為「原生態食品」，用的都是直接從農民那裡拿來的新鮮當季食材。如今城市化進程正逐漸吞噬著浙江農村，戴建軍只得去越來越遠的地方尋找以傳統方式種植或飼養的無汙染農產品。

戴建軍第一次來金竹鎮時，榨油坊已經被廢棄了幾年，但他確信手工製作的茶油能作為瞄準城市中產階級的「綠色食品」找到一個新市場。他說：「這種油完全無殺蟲劑、無添加劑。」茶油不僅美味，還特別健康，因為富含維生素E和Omega脂肪酸，且飽和脂肪酸含量低，擁有「東方橄欖油」的美譽。在當地人眼中，它是一種高級食用油。「有些老人喜歡每天吃一勺，當補品，」陪同我們參觀榨油坊的當地政府官員葉先生說，「過去的女人用茶油來做化妝品，頭髮光澤漂亮，皮膚水嫩年輕。茶油還能治蜜蜂蜇傷。」

和許多傳統農產品一樣，手工製作的茶油也成為社會與經濟變革的犧牲品。這是一種勞動密集型生產，所以成本相對較高。此外，在全中國的鄉村，越來越多的青壯年勞動力都離家進城打工，只剩下老人和孩子。父母希望自己的孩子擺脫務農的命運，不要再幹這種社會地位低、經濟回報差的髒活累活；年輕一代又往往對學一門老手藝毫無興趣。全中國的故事都大同小異：老手藝逐漸失傳，人們紛紛離開土地。

然而，與此同時，中國的中產階級正在逐漸覺醒，慢慢發現手工食品的吸引力，相關理念也逐漸與西方看齊。食品安全危機掀起一波恐慌，也成了公眾最關心的問題。越來越多有經濟能力進行選擇的人希望買到放養的肉類和家禽，以及沒有被農藥等因素汙染的產品。戴建軍想要讓農村的鄉親們知道，「綠色食品」可以幫他們賺到錢。他說：「只有這種油的價格至少和商業植物油價格相同，當地農民才願意去幹苦活，生產出這一類的東西。我想幫他們找到路子，用傳統手藝掙到體面的生活——這樣才可以確保手藝能傳承給後世子孫。也許方式不再是過去那樣在家族內部傳承，而是從師父傳給學徒。」

西方現在已經有農產市集和相關的非政府組織為手工農產品生產者提供支持，幫助他們聯繫城市裡的潛在市場。但在中國，戴建軍這樣的人都是單打獨鬥。「慢食」這類東西目前僅限於香港和澳門的「小宴」。但大陸有著同樣獨特而豐富的手工農產品傳統和悠久的飲食文化，為什麼就沒有類似的東西呢？數個世紀以來，地方的上乘食品都會上供給朝廷，或被文人墨客津津樂道。無論是哪位中國美食家，都一定聽說過金華與雲南的火腿、鎮江醋和龍井茶。法語中的「terroir」這個概念，翻譯成中文即「風土」，即便兩者並非完全等同的概念，但其在中國的歷史也比在歐洲要悠久得多。

毫無疑問，原因之一是中國過於迅速的工業化進程。過去幾十年裡，社會整體傾向於將農村或傳統的一切都視為「落後」，認為新型加工食品比較衛生且現代。

而農村的人們對茶油、自家燻的臘肉和發酵的醪糟（甜酒）等寶物則是見慣不怪，一點也不稀罕。「你們說起『慢食』，好像多特別似的，」戴建軍的商業夥伴柏建斌對我說，「但是在中國農村大部分地區，大家吃的不都是這種東西嘛！」

中產階級越來越追求安全綠色的鄉土食品，而中國則需要養活幾十年內就可能達到十四億五千萬的人口，這兩者也存在衝突。如果在歐洲和美國都有人譴責有機或手工食品是過度奢侈，他們支持基改食品和大規模生產的論點在人口眾多、耕地短缺的中國則更有說服力。中國精英階層自己喜歡吃有機食品和放養肉類倒沒什麼，但怎麼可以向廣大人民「鼓吹」這些東西呢？

然而從長遠來看，正如許多人逐漸認識到的那樣，因為對石油衍生品的依賴，以及汙染和土地退化，現代集約農業存在自身的問題。除了經濟和環境問題之外，傳統食品還可以被視作人類社會生活和文化重要的一部分，使其更為充實豐富。

戴建軍自己的企業則是自主選擇走這條路的。對於那些願意不使用化學品來種植作物，以及守護傳統食品加工技藝的手工生產者，他的餐廳都會提供一份體面的收入。遠景規畫方面，他想要給城裡的孩子一個機會，去拜訪一下自己關聯的供應者們，瞭解他們吃的食物來自何處。他目前還在進行一個項目，是在浙江南部開闢一處鄉村隱所，選址離榨油坊不遠。在那裡，被生活弄得焦頭爛額的城裡人能夠體驗一下播種耕地的農村生活。這些地方的環境遠離汙染，烹飪傳統也是純然古風，戴建軍希望鼓勵當地農民看到這些優勢的文化和經濟價值：「我想讓他們知道，發展不僅僅是科學技術的進步，也要保護環境。」

金竹鎮的茶油坊面臨的挑戰，是要提供符合現代衛生標準的純手工產品。去年（二〇〇九年），中國頒布了新的《食品安全法》，意在打擊那種在牛奶中加入三聚氰胺的無良生產商，而由此產生的複雜要求可能會讓小生產者感到頭疼。過去，榨油的工人們習慣於光腳將茶籽餅踩成型——如果產品要面向更廣泛的城市市場，這顯然是不能接受的。戴建軍說，大多數手工食品生產者的工作，靠的都是經驗直覺，沒有什麼公式：「標準化」是不存在的。

有一家公司成功取得了現代市場經濟需求與堅守傳統的平衡，那就是位於杭州郊區的「陳家坊」，戴建軍的另一家供應商。該公司專門生產純正的小磨芝麻油，採用各種堅果加糖磨的粉，以及芝麻醬、花生醬等等，製作過程不加任何添加劑，但部分是機械化操作。陳家坊辦公室的牆上掛著官方頒發的衛生許可證。作坊的所有者是陳莉君，她和丈夫以及十位同事一起盡心經營著這個小小的地方。他們在毗鄰油廠的地方有個小家，在家外面的一塊地上種菜，自給自足。

各種堅果或種子都放進電爐中烘烤，然後用已經實現電動供能的老磨石研磨。但這裡的規模很小，每天最高產量是一百二十五公斤芝麻油。「我們的芝麻油當然比大規模生產的那些要貴，所以好說歹說，大部分餐館還是不願意買我們的產品。而且，在家裡，一小瓶芝麻油就能用很久，所以大家不用經常買。以後我希望能有更多的人開始重視這些傳統的東西。我覺得這是必然的事情，但可能未來十年內或十五年內都不可能實現。這期間我們要堅持下去是很難的。」陳莉君說。

「我們中國的手工食品這麼好，但中國人卻不能真正地去欣賞，我一直覺得太遺憾了，」戴建軍說，「在日本和臺灣，都有店鋪賣昂貴精緻的食品。我們這兒呢，總體上來說是沒有的。另外，也沒有可靠的體系來認證究竟什麼是『綠色』產品。我保證自己餐廳裡的食物是沒有汙染和添加劑的，但我只是以個人的名義保證。」他希望，從長遠來看，陳莉君女士這樣的小生產者能夠把他們的產品作為奢侈品推向市場，不僅是在中國大陸，還有臺灣、日本，也許甚至能遠銷歐洲和美國。

在小小的工廠參觀一圈後，我們在廠邊陳女士的家中與她和家人一起吃午飯。當然，午飯的開始是品嘗她的一些產品：深琥珀色的芝麻油，那味道的幽深遠超任何你能在超市買到的產品；還有帶燻黑感的芝麻醬以及柔滑的花生醬，我們往裡面加了點兒鹽，用來蘸她自家種的黃瓜吃。我們還把她家的白芝麻醬和一種便宜的進口中東芝麻醬（tahini）進行了比較。進口的那種味道有點苦，整個包裹住舌頭；而她的芝麻醬是用完整的芝麻粒做成的，有種溫柔圓和的風味，散發著一種滑潤的堅果香。「這就是教育的問題，人們需要去品嘗廉價的大量生產食品和『真東西』，發現兩者的區別。」戴建軍說。

也許最終，不僅僅是中國人，全世界的人們都會逐漸欣賞和支持中國那些歷史悠久的優質食品。隨便選一家西方的食品店，貨架上都會有一系列的義大利橄欖油和香醋、西班牙火腿和法國起司，甚至可能找到昆布等各類日本調味料；但中國生產的食品，就是那些在各種超市都能找到的大量廉價出口商品。在關注飲食的西方人之中，中國的好茶已經開始有了地位。未來某一天，我們也許可以買到浙江茶油來拌沙拉、讓人脣齒酥麻的漢源花椒來炒菜，以及杭州的芝麻醬來做蘸料。

扶霞・鄧洛普

尋味東西

第二部分

奇菜異味

「試勺」晚宴

（發表於《金融時報週末版》，二〇二一年五月刊）

現在，你要請朋友們來吃晚飯。你制定了一個美味的菜單，菜餚的色、香、味都經過縝密考量。你甚至可能還考慮了背景音樂和燈光。但你有沒有想過餐具的味道？倫敦大學學院製成研究中心（Institute of Making）的兩位主任，佐伊．拉芙林（Zoe Laughlin）博士和馬克．米奧多尼克（Mark Miodownik）教授認為你也許應該把這一點也考慮進去。他們和同事一起進行了一系列科學試驗，探究不同金屬質地的勺子（湯匙）對食物味道的影響。不久前，他們舉行了首次「試勺」晚宴，參加活動的有材料科學家、心理學家和赫斯頓．布魯門撒爾與哈羅德．馬基（Harold McGee）兩位廚界大神。馬基是專程從美國飛過來的。

在米其林星級餐廳「奎隆」（Quilon）的包廂裡，客人們圍坐在一張長桌前，試吃七道精心搭配、調味可口的西南印度菜，還要用七把不同的勺子。勺子全部是剛剛擦洗過的，擺在每個人面前，像一把鐘琴。七把勺子中有閃著粉色微光的銅勺，光彩奪目的金勺，冷月般的銀勺，還有錫、鋅、鉻與不鏽鋼勺，微妙的藍灰光澤時隱時現。七把勺子如此引人注目，形成迫人之勢，就像「莎士比亞的選擇」〔1〕。每把勺子的底部都有一個來自元素週期表的符號，代表鍍這把勺子所用的材料。

拉芙林和米奧多尼克是材料科學家，他們的研究課題之一，是方塊或鈴鐺等形狀一模一樣的物體，在用不同材料製成時各有何種表現。在研究過程中，他們對各種材料的味道產生了好奇。「透過將礦物鹽溶解於水中的形式，科學家已經在探索金屬的味道了，但我們想探究固體金屬本身的味道。做這個研究似乎有個顯而易見的方法，就是要用人們覺得可以放進嘴裡的東西來試驗，所以最後我們選了勺子。」米奧多尼克說。

1 莎士比亞在《威尼斯商人》中有個「寶盒選親」的情節，說的是鮑西亞在金、銀、鉛三個盒子中選擇一個放入自己的一張肖像，誰選中了這個盒子將會成為鮑西亞的丈夫。

身兼科學家與藝術家雙重身分的拉芙林設計了研究用的勺子，並在表面電鍍上不同的金屬。這些金屬即便不能食用下肚，至少也無毒無害，是人體不可缺少的微量元素。她和同事們進行了實驗：被試者要蒙上眼睛，吮吸遞過來的勺子，有的就是一把光勺子，有的盛了簡單調味的奶油。他們發現，被試者能夠分辨出不同勺子的味道，不同的金屬材料也會影響人們對奶油的苦味、甜味與愉悅的感知。在實驗室研究三年之後，他們決定放任勺子們到這狂野複雜的印度菜晚宴上展露拳腳。對了，伴宴的還有一輪七種美味的啤酒，局面因此更為複雜。

十五個成年人像嬰兒一樣吮吸著勺子，晚宴就這樣拉開帷幕，真是非同尋常。但勺子們的味道的確有著驚人的不同。銅和鋅的味道大膽而堅定，有苦澀的金屬感；銅勺子甚至聞上去就有股明顯的金屬味，因為它們在空氣中發生著緩慢氧化。（一位客人說這兩把勺子是今晚的「壞小子，調皮邪性撲面而來」。）銀勺子儘管樣子很美，散發著傲氣不遜之光，相比之下味道卻比較平淡無趣；而不鏽鋼勺有一種幽淡的金屬味，通常都會被忽略掉。正如米奧多尼克所指出的，我們不僅是在「品嘗」勺子，其實就是在「吃」勺子，因為每舔一下，我們就可能吃掉了「一千億個原子」。

在嘗菜的同時也品嘗勺子，就會得到驚人的啟示。用鋅質勺吃烤黑鱈魚，就像手指在黑板上刮過一樣，會引起強烈的不適感；用銅勺子吃葡萄柚，味道有點噁心，讓你雙脣緊皺。但這兩種材質都和一種芒果做的開胃小菜產生了狂野而美好的共鳴，它們強烈的金屬味道與那酸甜的風味達到了莫名其妙的和諧。（「吃芒果和酸豆（tamarind）這類酸味食物，你其實就是在品嘗金屬，」拉芙林說，「因為裡面的酸性物質會把表面的金屬稍微刮下來一點，就像用醋清洗金屬製品。」）品嘗結果顯示，錫和開心果咖喱的搭配大受歡迎。拉芙林還欣喜地談起黃金勺子配甜味食物的優點：「黃金很光滑，甚至可以說柔滑如奶油，它所缺乏的東西也正是其品質非凡之處，因為嘗起來沒有金屬味。」

一頓飯中包含多感官體驗並非什麼新鮮事，真正新鮮的是其中的科學道理闡明了我們在吃東西時各種認知的複雜性。牛津大學實驗心理學系的查爾斯·史賓賽（Charles Spence）教授也是我們的「試勺」組成員之一，他曾證明過，人們在吃薯片的時候，如果向他們播放酥脆作響的聲音，會讓薯片的口感更酥脆；如果播放不同風格的古典音樂，能讓人們對同樣的煤渣太妃糖（cinder toffee）的苦甜程度感知不一。他也證明了，增加勺子的重量，會讓盛在勺中的食物味道更好、更甜，感覺更紮實。

所以，未來有一天，廚師們會不會把餐具的味道也作為菜餚風味的組成部分呢？赫斯頓・布魯門撒爾一直是這方面的先鋒，他積極地將食品科學的最新見解融入自己的烹飪中。他用撒了銀粉的巧克力做可食用的餐具，這一點也是人盡皆知。「我可以想像勺子作為菜餚的一部分，」他說，「我很驚訝，嘗的這些金屬有如此廣泛的味道，而且有一些金屬和食物中的某種酸味竟然那麼搭調，比如鋅和銅配芒果。我一直對金屬的味道很敏感，但一直覺得這些餐具是對食物的干擾。我從來沒像這樣想過：金屬的味道和某些食物風味組合起來，竟然能產生更叫人愉悅的效果。」

以常用的方式使用勺子，對食物風味會產生重大影響，食物與科學專家哈羅德・馬基對這種說法表示懷疑。「我很喜歡鋅勺本身的味道，但我得故意去舔勺子才能真正體會到。大部分食物停留在勺子裡的時間並不足以產生什麼真正的差異。也許像焦糖這種能粘在勺子上的東西，效果才會更明顯吧。」

還有一個耐人尋味的問題：我們為什麼會對金屬的味道敏感？是不是為了讓我們避開那些有害的金屬而去攝入身體健康所需的物質？拉芙林頗感興趣地注意到，「某個年齡段的男人」對銅情有獨鍾；而米奧多尼克提到最近的一項研究結果支持了鋅和維生素C一起服用有助於預防感冒的說法。他說，「也許，我們不應該花大價錢去補充礦物質，用鍍鋅的勺子來攪拌熱檸檬汁和蜂蜜就行。」

那是個很有啟發的夜晚，但我覺得晚餐本身就非常精彩了，而勺子們並沒為其增色多少。甜辣大蝦的風味達到了完美的平衡，根本不用去舔銅勺子，甚至也不需要用金元素來添彩。吃完第二道菜，我的舌頭本身就已經有了一種彷彿被電鍍過的金屬味道。就算用金勺子吃蜂蜜冰淇淋的確十分愉悅，而且有種魔法般的神奇之感，我也不確定自己會急著為家裡的勺子鍍金。但拉芙林和米奧多尼克是「勺子傳教士」，他們希望最終能生產一套經過科學設計的勺子，使其成為理想的進食工具，比如可以專門用來攪拌咖啡或吃焦糖布丁，還要附上品嘗說明和建議食譜。拉芙林說，「那會是一種『勺子鋼琴』在食物上演奏，任你去做屬於自己的音樂。」

紹興臭霉，又臭又美

（發表於《金融時報週末版》，二〇一二年六月刊）

發酵食物在一些引領世界餐飲潮流的廚師之中大行其道。紐約「百福餐廳」（Momofuku）掌門人張錫鎬（David Chang）對韓式辣白菜做出了自己的解讀，激發出燦爛的火花。他還發明了「不是豬肉」（pork bushi），就像日本料理中用在傳統味噌湯裡的發酵鰹魚片，只不過更有肉感。與此同時，遠在哥本哈根、由雷尼·雷德澤皮（Rene Redzepi）坐鎮的「北歐美食實驗室」（Nordic Food Lab）一直在進行實驗，製造不同版本的酵母提取物馬麥醬（Marmite），用杜松灰等本地特產進行調味。然而，儘管目前發酵在烹飪上的可能性正受到極大關注，中國在醃漬食物方面的豐富遺產卻被嚴重忽略了。有一個地方沒有得到任何人的注目，那就是華東小城紹興。

紹興距離著名旅遊勝地杭州只有一小時車程。它賴以名揚海外的，主要是兩千多年來一直生產的米釀黃酒；而周邊地區則尊其為浙江文化的搖籃，這裡也是中國偉大現實主義作家魯迅的出生地。紹興還有一類特產很出名，就是「臭霉」菜。當然，中國的很多地區都有值得一試的發酵特產，但紹興在這方面還是脫穎而出，因為當地的菜餚用人類學家口中「美味腐爛」的豆類和蔬菜進行了各種「變奏」，可謂劍走偏鋒、古怪極端。

我與紹興發酵食物的初遇，形容得含蓄一些，是「令人緊張」的。幾個杭州朋友帶我參觀了當地的一座酒廠，之後我們去著名的咸亨酒店吃午飯。桌上的一些菜我很熟悉，但那發霉發臭的菜梗不在此列。這些菜梗躺在看上去潔白無害的「豆腐床」上，氣味奇怪又令人頭暈，樣子看著像花園裡堵住下水道的頑固垃圾。咸亨酒店的總廚茅天堯鼓勵我夾一個嘗嘗。於是，我戰戰兢兢地把一根菜梗放進嘴裡，把腐爛的外皮吸掉，擠出黏糊糊的梗肉，再輕輕地把殼吐出來。這是我從未品嘗過的味道：那麼不同尋常，叫人內心不安，卻又異常美味；這味道豐富濃郁，臭味和鮮味的奇妙混合讓人想起熟成到往外滲水的農家手工起司。

「臭莧菜梗」這個名字就能說明這道菜的一切。長過了頭的莧菜梗會變得像木本植物一樣硬，沒法作為蔬菜食用，收割以後就要把它們切成段，倒冷水浸泡，放在陶土罐中任其開始腐爛變質。之後沖洗乾淨，再放入罐中發酵幾天。最後倒入滷水，泡個一兩天，這時候罐子會散發令人厭惡的氣味。如此，菜梗便算是做好了，迅速上鍋蒸一下，就可以入口。

據當地人說，兩千多年前戰亂不斷，該地區陷入貧困的深淵，為了生存，人們只得四處尋找野菜果腹。也是在這種絕望之下，臭莧菜梗成了食物。傳說一位老爺爺採了一些馬齒莧，雖然過於粗硬、難以入口，但他捨不得扔掉，於是就貯藏在一個陶罐裡。幾天後，他聞到罐口散發出奇怪的氣味，飢腸轆轆的他決定把這些菜梗蒸來吃掉，結果卻發現意外的美味，一個奇怪的風俗就此誕生。

我後來才意識到，自己是已經通過「初步測試」才吃上那道臭莧菜梗的。「測試」就是吃了咸亨菜單上那道「霉千張」（發霉發臭的豆腐皮）。將發酵豆腐皮（熬豆漿時表面形成的那層物質，富含蛋白質）捲成卷，放在鋪好的豬肉餡上面蒸。腐皮有種強烈刺鼻的惡臭，就像塞了臭起司的襪子在暖氣片上放了一個星期。但我想，還是嘗嘗吧。結果，霉千張美味驚人，讓我想起洛克福起司和鹽漬鯷魚。所以，在我證明了自己的能耐之後，茅師傅才繼續給我端上更多「臭名昭著」的紹興發酵美食。

原來，莧菜梗是臭霉大家族的「老祖宗」，因為其發酵後剩下的液體又會被用來醃漬很多別的食材。豆腐塊泡在其中，就成了街頭小攤上賣的臭豆腐，能讓方圓五十米的空氣都飄散著臭味。嫩油菜尖在裡面短暫浸泡，和新鮮的蔬菜一起炒，會形成一種非同尋常的混合風味，美好與邪惡並存。南瓜塊在這渾濁的液體中被「施咒」後，會產生一種魚腥（香）味；竹筍則會在這液體中顯露其暗黑的一面。外來者與這些菜初遇時內心的反感和厭惡，往往會跟紹興本地人看到腐爛的乳製品（也就是起司）一般無二；但兩者那濃郁豐富的鮮味也同樣攝人心魄。

起初，紹興的臭霉菜是窮苦日子不得已而為之的食物。廉價的食材透過改造，成為刺激口腹的滋味小菜，讓基本沒有肉類、只是為了生存而進行的飲食變得鮮香可口。如今，人們生活水平逐漸提高，臭霉菜雖然還在激發著「信徒」們的熱情，卻已經不再受到年輕一代的喜愛。不過，它們很可能躋身「未來食物」的行列，原因正如人類學家西敏司（Sidney Mintz）在牛津食品研討會上的一篇論文中所說，一個人口激增和資源逐漸減少的世界會對食品安全構成新的挑戰，而發酵食物能夠通過「簡陋的方式」來釋放營養和鮮味，這將再度變得萬分寶貴。一旦美味的動物蛋白供應不足，用蔬菜和豆類製成的發酵食品就能填補空白：從前的數千年裡，它們就曾在中國之類的農業社會發揮著這樣的作用。

紹興人解釋他們對臭霉菜由來已久的嗜好時，總要講述一個駭人聽聞的傳奇故事。兩千五百年前，紹興還是越國的都城。越國在與鄰國吳國的戰爭中敗下陣來，越國國君被俘為奴。傳說在他為奴的這三年中，吳王得了一種疑難雜症，沒人能找出病因。後來還是越王嘗了俘獲自己的這位國君的糞便，才下了診斷。吳王因此病癒，出於感激，釋放了救自己命的這位俘虜。但越人聽說自己的君王被迫執行了這麼一個令人作嘔的任務，都流下了痛苦之淚，於是決定用發臭的食物配米飯，來牢記這份屈辱。

寫出來我才發現，這個叫人反胃的傳說似乎不會讓人對紹興特色臭霉菜有什麼好印象。但請你相信我，它們真的很令人上癮。其實，我甚至敢說，鄙人將近二十年來吃遍中國，這些臭霉菜可能是這些年最令我激動的食物。它們有如一隻風乾充分的野鳥，有那種暗沉複雜的質感；又像一顆成熟的榴蓮，風味深遠，叫人目眩神迷。借用新加坡美食專家司徒國輝（K.F. Seetoh）的比喻（他是用來形容榴蓮的），紹興的臭味佳餚就是美食界的爵士歌手：飄著尿騷味的小巷裡，有一家俱樂部，人們都在吞雲吐霧，他們就在臺上表演；歌手們的皮膚因為長期嗑藥吸菸已經完全毀壞，但他們的音樂讓你聽得汗毛倒豎。有些愛冒險的老饕對長期風乾的野味、高度熟成的起司、肚子腸子這些下水都已經習以為常、無動於衷，那臭霉菜也許能成為讓他們「開疆拓土」的新天地。

「鞭」闖入裡

（發表於《福桃》雜誌，二〇一四年四月第八期）

四條鹿鞭橫七豎八地躺在廚房料理檯上：其中兩條乾淨整齊，通身被煙燻成了華美的棕褐色，如同家常自製培根，皮肉都還連接在恥骨上，散發著一股木頭煙燻的香氣，叫人食指大動；另外兩條感覺就像剛剛才被剁下來，全套傢伙都在，不僅是各部位的骨頭，成對的睪丸也舒舒服服地待在皮毛形成的囊中，還有特別突出的地方——樣子像花朵，我們合計了一下，勃起的陰莖應該就是從這裡伸出來的。這兩條鹿鞭滲著粉紅的汁液，氣味凶惡生猛、直衝鼻腔——這是強壯的雄鹿一生「最後一搏」。

整個職業生涯裡，我不管是備菜還是吃菜，都遇到過很多不尋常的食材，從海參到雪蛤（提取自林蛙的輸卵管）。但一直到不久前，在鞭菜這一塊兒，我都還保留著處女般的純真，沒有碰過任何動物的「老二」。我這輩子都沒想過，自己竟然會拿住雄性的命根子，而且還不只一條，是四條，分量還這麼大。儘管那個時候它們已經變得十分癱軟、任人擺布，卻依然叫人望而生畏。不過，我還是磨好了菜刀，繫緊了圍裙，穩了穩心神，鼓起了勇氣。

我不能說自己之前懷揣過任何做鞭菜的野心。在四川高等烹飪技術專科學校（簡稱「烹專」）接受廚師培訓時，鞭菜並不在我們的課程大綱上。我也並沒像很多異國美食冒險家一樣去過「鍋裡壯」食府朝聖——那是北京一家著名鞭菜館，你可以點一鍋大雜燴坐下來慢慢與其「扭打」。鍋裡面有各式各樣的「老二」和「蛋蛋」，來自公牛、狗、犛牛等動物；傳言說，偶爾還會有虎鞭。

我倒是在中國吃過一次鞭菜，但那純屬無意。那時我對中餐的探索尚處在早期，在一家重慶餐館，我天真地以為菜單上的「牛鞭」就是牛尾。我吃了那條切成片的「鞭子」，鬆垮垮的，又沒味道，浸在清澈的雞高湯中。多年以後，我在湖南北部的一家餐廳看到一桌子男人圍桌大啖「牛鞭」火鍋。在四川省會成都，我經常會經過幾家賣酒的店鋪，店裡有專門為男士釀造的酒，就是把動物的特殊部位泡在白酒裡。

中醫藥理中各類「鞭」的神奇功效，我當然也略知一二。根據「同類相治，以形補形」的學說，動物陰莖可以壯陽，讓雄性身強體壯。新鮮或做成乾貨的鹿鞭是一種極其珍貴的補品，在中國特別昂貴，可用於治療陽痿和不孕症。在「偉哥」還沒出現的時日裡，你若想粗大有力，喝點鹿鞭湯，肯定比效法《肉蒲團》的男主人公要容易多了。這部色情小說誕生於十七世紀，作者為清代文學家李漁，書中色慾薰心的男主角經歷了一場手術，將一條巨大的狗鞭「嫁接」在自己的「老二」上。

用中文裡常見的說法，我遇到這四條鹿鞭全是「緣分」，是宿命般的巧遇。我為我姐姐和她的一些朋友做了場家宴，席間講起跟兩位四川廚師去倫敦博羅市場（Borough Market）的故事。這兩位廚師都是我在成都的老朋友。逛著逛著，我們停在一個賣蘇格蘭野鹿肉的攤子前，他倆很激動。他們用中文告訴我，「你一定要跟這個老闆說，他如果可以把鹿鞭晒乾了送到中國去，那就發財了！」他們說，不管哪種鹿鞭，都是特別值錢的；但這些雄鹿可是曾經馳騁在蘇格蘭的高地上啊，它們的「老二」會讓中國人瘋狂的。

除此之外，我不記得還多說過別的什麼，但我姐姐的朋友、住在蘇格蘭的蘿克西顯然想當然耳以為我急切地想親自動手烹製鹿鞭。幾個月後，我還在中國旅行，就收到了這輩子最叫我震驚的一條簡訊：

「嗨，扶霞，我是蘿克西。我正要去取你的雄鹿『老二』。有兩個呢。我會想辦法把其中一個煙燻了，但是真的需要趁新鮮盡快交給你。」

我打電話給蘿克西，發現她真是為我花了大力氣，在蘇格蘭的獵鹿人中放出話來，說她的一個朋友特別想烹製雄鹿的「老二」。她說，「跟我談過的人都對這個問題很感興趣，就連一個叫『獵鹿強尼』的人都很好奇。他是獵鹿人，也會煙燻鹿肉，他的爸爸和爺爺都是做這個的。他一想到能煙燻雄鹿的『老二』，那叫一個興高采烈啊。他說自己什麼都燻過，就是沒燻過這東西，所以他在試各種各樣不同的配方。每個人都超級想知道你要怎麼對這些東西下手。」

蘿克西的朋友們勇敢接受了挑戰，到我們通話的時候，她已經「眾籌」到八個「老二」，有些還依然帶著「蛋蛋」，強尼在煙燻其中的一半。我還能說什麼啊？只能告訴她我很開心，並熱情洋溢地感謝她為我做出的努力。

又過了幾個月，我才真正摸到這些「老二」。蘿克西拿到「貨」的時候我在國外，於是她就把它們都凍起來了，並且把第一批從蘇格蘭送到了英格蘭南部城市布萊頓

（Brighton），讓我姐姐的另一個朋友克洛伊把這些東西貯藏在她的冷凍櫃裡。我打電話給姐姐，安排了見面的時間，好去布萊頓取「貨」。「你要來我太高興了，」姐姐萊昂妮說，「因為我每次見到克洛伊，她都會問我：『你妹妹什麼時候來拿走我冰櫃裡那些「小雞雞」啊？』」

於是乎，一天深夜，在布萊頓一家著名素食館吃完晚飯後，萊昂妮帶我去克洛伊的公寓取那些「老二」。我們跟克洛伊和她的男朋友C. J.坐下閒聊了一會兒，C. J.說一想到吃「老二」，他就不寒而慄。我嘲弄地「哼」了一聲，說他這種害怕完全莫名其妙。「你想想，反正你鹿肉都吃了，幹嘛不什麼都嘗嘗呢？」

「有道理，但你會吃陰戶嗎？」他問我。

不得不承認，他這個問題搞得我猝不及防。我當下就想回答說，我肯定會毫不猶豫地吃。畢竟，我為自己什麼都吃感到自豪，在中國的美食冒險當中，我已經吃下過螃蟹與林蛙的卵（蟹黃和雪蛤），還有其他很多西方人會覺得噁心的珍饈美味。但是陰戶……？光想想我就犯哆嗦。總之，克洛伊在冰櫃裡翻找了一下，給了我一個巨大的塑膠袋包裹，是一包僵硬而冰冷的東西。我把它們塞進冷凍保溫袋裡，匆匆趕回倫敦。

烹製鞭菜的前一晚，我小心翼翼地開包取出那些「老二」，和它們正式見了第一面。最讓人震驚的是那些未經處理、還帶著睪丸的「老二」。它們實在太大了，冰箱裝不下，我又不希望廚房裡的熱氣影響到它們，就把它們放在托盤上，拿進客廳解凍。它們巨大而毛茸茸的樣子就這樣令人髮指地、無聲無息地存在著，讓那晚的公寓籠罩著一種奇怪的氛圍。

必須承認，我當時充滿了恐懼。一想到要「磨刀霍霍向『老二』」，不管這「老二」曾經屬於哪位雄性，我心裡總歸有點不安。純粹從專業角度講，我明白自己正在處理一種珍貴的中國美味，也不想搞砸。要是我的中國朋友們知道我毀了這麼多進補珍品，就永遠不會再認真對待我了。所以我認真做了功課。

我首先在自己的藏書中仔細搜尋關於「老二」的中餐食譜，這種食譜數量甚眾。一本烹飪大全上講，牛鞭、鹿鞭和山羊鞭都被視作上乘野味，儘管山羊鞭「只有一根筷子那麼粗」。我發現，只有廣東人會吃獼猴的「老二」，反正他們對各種食材百無禁忌，這在全中國都是出了名的。我找到了很多食譜，受到了無限啟發。也許可以用雲南火腿、雞肉、豬蹄筋和乾菇來做個雲南乾燒鹿鞭；或者加海馬、蓮子和蝦米做個遼寧藥膳。如果真有「青雲壯志」，我可以試試中國版的「豬耳朵做絲綢錢包」〔1〕：「鞭打繡球」，這是一道湯菜，裡面有切成繁複花刀的「老二」和「蛋蛋」。

我打電話跟幾個朋友詢問意見。成都名廚喻波說我第一步應該要將「老二」處理乾淨，在加了薑、蔥、料酒、茶葉（可能的話再加點新鮮竹筍）的水中重複焯水，完全去除那種野蠻生猛的臭味。「然後再加雞肉和有去腥作用的調味品，小火燉煮。如果你願意，可以在煮熟之後來點四川特色，按照麻婆豆腐那種做法來做，加豆瓣醬、牛肉末，最後撒點兒花椒粉。」

我回想起多年前在湖南見過牛鞭火鍋，也知道湖南人是烹製煙燻肉類的高手，於是打電話給附近一家餐館的湖南籍廚師。他聽了我的詢問，聲音裡毫無驚訝之意。第二天我騎車去了他的餐廳，跟他喝杯茶，聊聊「老二」的事兒。聊完以後，他說：「大部分西方人其實不會吃這種東西，對吧？」

「清算日」終於來臨了。略有些僵硬的煙燻「老二」像波蘭香腸一樣盤繞著，它們倒是挺容易處理的。我按照湖南朋友的指導，將它們充分清洗乾淨，放在一鍋開水中小火燉煮了半個小時。而處理那兩個未經煙燻的蔫軟「老二」就完全是另一回事了。我一邊盡量不去吸入那味道衝鼻的水汽，一邊把皮毛和睪丸剝掉，這像是一場極端凶猛的比基尼熱蠟脫毛。擺脫了原本的種種障礙和賴以依附的恥骨，「老二」就成了形態多變的東西，可以擠擠揑揑，手感如橡膠一般，外面包裹著一層層黏滑的薄膜。有時，去掉這些外皮需要兩個人協力完成，因為「老二」滑溜溜的，總要逃出我的手掌心。

處理雄鹿的「老二」是一項非凡卓絕的工作。沒必要講什麼雙關語，直接說出來就行了。我的攝影師和我一直哈哈大笑，根本停不下來，細節我就不說了。根據我的記憶，自從上學以來，我還從來沒有這麼頻繁地「咯咯咯、呵呵呵」過。亞當，我們的朋友兼廚房助理，也不知他怎麼做到的，很有男子氣概地忍受了所有這些歇斯底里的行為，只是偶爾介入「把控」一下「老二」，好讓我用菜刀割掉包皮。

第二步是焯水，這時候「老二」突然就變硬變強了；其中一個趁我們不注意，猛地從鍋裡跳將出來，是完全勃起的狀態，硬得像根警棍。（看這篇文章的男士們，請放心吧，要是其他辦法都不管用，往開水裡迅速浸一下，就能立刻顯出你的陽剛男兒本色。）

1 來源於英文中的一句俗語，「誰也不能用豬耳朵做絲綢錢包」（one cannot make a silk purse out of a sow's ears），本意是一件事情很難做，巧婦難為無米之炊。

一共焯了三次水，每次都要換新的一鍋水，加紹興酒（料酒）、薑、蔥和茶葉。這是中國人的烹飪智慧，如魔法一般，將「老二」那生猛野性的氣味驅散乾淨。接著我將它們放在冷水中清洗。我砍下其中一個的頭放在砧板上。這個「老二頭」滲出石榴紅的汁水，通體如寶石。縱向切開後，「老二」內部的組織展現在眼前，錯綜複雜的紋理像一個成熟的無花果，深粉的底色上有一絲絲白色絮狀物。我把這橡膠質感的東西切成一段段的，每一段再對半切時，它們突然像彈簧一樣盤捲起來，好強健的肌肉力量，叫人無法抗拒。我心想，啊，真的，這些都曾經是多麼華麗宏偉的器官啊。

我把「老二」放進一只中式砂鍋，小火慢燉了五個半小時。一起燉的還有一隻整雞，更多的料酒、薑蔥、花椒和一把中醫補藥：甘草、黃芪、山藥和石見穿（紫參）。事先經過煙燻處理的那兩個，我把它們和五花肉片炒過後，放上豆瓣醬，加紹興酒、桂皮和八角去腥羶，再燉燒幾個小時。我把火關小，讓鍋裡湯汁保持小滾狀態的時候，突然想到這裡面加了紹興酒，也就是說，我可以把這道菜叫做中國版的「黃」酒燴「雞」〔2〕。

此外種種，按下不表。經過一整天漫長而艱辛的勞作，我們的最終成果是什麼呢？總的來說就是一道上好的雞湯，湯裡充滿奇奇怪怪的膠狀螺旋物體；還有一道辣味的燉菜，主料是富有彈性的蝸牛狀物體，黏稠有如南瓜球。但我邀請了幾個朋友來試菜，不能讓他們失望。給湯收尾時，我用紗布過濾了一遍，雞肉和補藥就不要了，螺旋狀的「老二塊」又放回湯裡，再撒上一把猩紅的枸杞。以湘菜做法烹製的煙燻「老二」火鍋則原封不動地上桌，只加了炒香的辣椒和大蒜做裝飾。

我邀請的客人裡，有一位曾體驗過北京「鍋裡壯」鞭菜食府，她對那裡的鞭菜並不感冒，也不喜歡我做的這些。「我是喜歡有質感的食物，」她很堅定，「但這些就是沒味道，而且凝膠感太重了。」其他的客人（都是男人）全都很喜歡煙燻「老二」，不過其中一個指出，吃這鍋菜就像玩俄羅斯輪盤賭：有的很嫩，富有彈性；有的則像橡膠，吃起來「略有挑戰性」。我們一致同意，要是沒人告訴你吃的是什麼，你可能會想當然地以為這是某種無脊椎貝類。我又反過來指出，鞭菜是應該有滋補功效的，所以有一點橡膠質感說不定正是食客想要的：切片的「老二」要是太嫩太軟，這可是一個非常不好的預兆。

---

2 來自法國菜中的一道名菜「紅酒燴雞」，主料是雞肉和紅酒。

我請所有客人填寫了一個匿名問卷，他們反映了不同程度的「飲食樂趣、情色樂趣、口感樂趣、閹割焦慮、厭惡反感和即刻壯陽效果」。其中一位寫道：「也許切片再薄一點，咀嚼起來會更容易。」出於禮貌，我沒好意思再詢問他們之後有沒有感覺到什麼類似「偉哥」的功效。就個人而言，雖然用鋒利的菜刀劃過一根「老二」那種強烈的感覺讓我有幾次心煩意亂的閃回（flashback），但我還是對自己很滿意，畢竟馴服了四個「老二」，它們算是屈於我的「淫威」之下了。

我真正看重其看法的人之一，是張小忠，「水月巴山」的主廚。我很高興地看到，他對我的努力給予了充分的肯定，大口大口地喝著鹿鞭湯。這是他人生頭一遭的新體驗，在中國可是特別奢侈的享受：「鹿鞭是個好東西，你也做得很好——你把腥羶的味道完全去除了。」不過，他還是從專業的角度給了我一個小建議：「扶霞，這些小塊的東西，要是再切個花刀，就好了。」我的心略微一沉。我是試過切花刀的，但它們實在是滑溜得驚人，而且沒料到刀子一碰就會彈跳起來、裡外翻轉。不過，現在我算是完全瞭解和掌握了它們奇特的力學結構，這種精緻的刀工還是很容易實現的。所以，儘管真的沒想到自己會這麼說，但我還會再試一次的。我很快就會打電話找蘿克西的。

「狗」且偷生

（發表於《紐約時報》，二〇〇八年八月刊）

如果想趁著去北京看夏季奧運會的機會嘗嘗狗肉，那你可能要失望了。北京餐飲行業協會已經下令，所有一百一十二家奧運指定服務餐廳都要將狗肉從菜單上刪除，並強烈建議其他餐飲從業點在九月之前也停止供應狗肉。根據建議，要是有客人真的特別想吃狗肉，服務員應該「耐心」建議對方點別的菜。這只是避免在奧運會期間冒犯到外國友人的一系列舉措的一部分。（相關單位建議北京市民要好好排隊，不要隨地吐痰，甚至不要問外國遊客有關年齡、收入和婚姻感情狀況的問題。）

這項命令應該不會對很多人造成困擾。儘管數千年來，中國一直有人將狗作為食用動物來飼養，但如今要在某家中國餐館的菜單上找到狗肉，還是得花一番工夫的。某些地區，比如湖南省和貴州省，的確以嗜吃狗肉聞名——但就算在這些地方，狗肉也相對罕見。而北京本身就幾乎找不到狗肉，例外的只有少數幾家韓國餐館和地方特色中餐館。

不管怎麼說，吃狗肉通常也是講季節的。根據中國民間膳食營養學，每一種食物都會被根據其「四性」分為「寒、熱、溫、涼」，而狗肉則是「最為性熱」的肉類，最好是在隆冬時節進食，讓你周身暖和、補充能量。奧運會在燠熱的八月舉行，身在北京的湖南人應該不會想那一口狗肉。

吃狗肉被看作一個「問題」，這一事實其實並不是在展現中國人的習慣，更多是說明了西方人先入為主的成見。自古以來，西方人就對中餐裡那些怪異的「邊邊角角」有著病態的幻想和迷戀。馬可・波羅就曾不無厭惡地寫道，中國人喜吃蛇肉和狗肉；到了現代，西方記者特別熱衷於掘地三尺，寫出聳人聽聞的故事，講述那些叫人反胃的中餐佳餚（二〇〇六年，一篇關於專做鞭菜的北京餐廳的文章在BBC新聞網站熱門榜上待了很長一段時間）。而對於獵奇熱情高漲的外國遊客，在北京市中心的夜市來一串炸蠍子已經成為一種儀式。

好奇的讀者請聽我說，狗肉的味道其實一點兒也不叫人驚恐：湖南冬季特供的燒菜中，狗肉被埋在很多辣椒和香料裡，你如果吃上一口說不定會以為是羊肉。西方人可能覺得吃狗肉有點奇怪，但從道德上來講，這跟吃豬肉（舉個簡單的例子）又有什麼區別呢？在中國，被端上餐桌的狗肉並非來自人們的寵物，而是被作為食物飼養的狗，和豬是一樣的；而豬當然也和狗一樣，是聰明而友好的動物。

所以，到底是什麼促使中國政府嚴禁餐館在奧運期間供應狗肉呢？如果只是淺嘗輒止地觀察一下，也許會認為中國人在飲食禮節這方面會屈從於最不合理的外國偏見。

造成這種現象的部分原因，是吃狗肉的「問題」好像特別能招惹到動物權益保護者。很多西方人覺得狗是「人類最好的朋友」，一想到要吃這種動物的肉，他們就感到發自內心的震驚和憤怒。而吃魚翅和普遍存在的虐待動物現象，對他們就沒有那麼大的困擾。在今年早些時候奧運火炬傳遞遭到抗議者擾亂一度中斷後，北京決定採取各種手段，將公關危機發生的可能降到最小。一九八八年首爾奧運會期間，韓國政府也同樣禁止菜單上出現狗肉，也是希望避免負面公共影響。

在中國，對於吃狗肉的觀點也在逐漸改變，因為越來越多的人開始把狗狗視作可愛的寵物。中文網路訪問量最多的新聞網站之一搜狐（sohu.com），其留言板上充斥著支持該禁令的帖子。「吃狗肉這麼野蠻的習俗，應該立法禁止」，其中一條這樣寫道。「謝謝奧運會，促進了社會文明進步」，另一條如是說。

也許，頒布禁令的主要原因是中國人普遍對西方人可能認為「落後」的行為感到難堪，比如隨地吐痰，比如使勁兒擠上擁擠的公車——或者吃狗肉。儘管中國正在國際舞臺上迅速崛起，很多中國公民仍然對歷史上十九世紀鴉片戰爭帶來的屈辱耿耿於懷。他們對外國人的批評特別敏感，也和政府一樣，渴望向世界展示一個清潔、現代的形象。

諷刺的是，很多日益被中國人視為「落後」的東西，恰恰對外國人有著最強的吸引力：街頭小販、出售新鮮農產品的傳統菜市場、狹窄的衚衕里弄和雜亂老舊的房子。如果你只是想看摩天大樓和星巴克，去北京幹嘛呢？網路上，對狗肉禁令發表看法的西方人分為兩派，一派站在愛狗人士這邊，一派則痛批北京政府沒能維護住中國的文化和傳統。說到底，最有可能對禁令表示遺憾的，應該是那些一心盤算著回家後能用吃狗肉火鍋的狂野故事讓朋友們嘖嘖稱奇的遊客。

「生」而美味

（未經發表的隨筆文章）

午餐時間，大理古城北門外的露天餐桌已經被顧客擠滿了。桌上擺滿了附近小吃攤買來的菜餚，客人們坐在小凳子上，用筷子夾起小口的食物，邊和朋友們聊天，邊喝著啤酒。其中一道菜特別吸引我的目光：一堆切得很細的生肉，周圍是切片的蜜色肉皮，配了一碗深色的醬汁。幾乎每桌都有這道菜。「嘗嘗吧！」一位食客展露著友好的笑容，這樣勸我。

這道菜名叫「生皮」，居住在中國西南雲南省大理市及周邊的白族人民很愛吃這道佳餚。這是當地獨特屠宰方式的產物：用稻草包裹宰殺後的豬，點燃稻草，讓火焰燒掉豬鬃，並燻黑豬皮。充分擦洗之後，再把豬屠宰分割並出售。豬肉被做成很多種菜，但最令人震驚和矚目的就是生皮：被燒焦卻並未煮熟的豬皮與生嫩肉和調味蘸汁一起上桌。白族人會在節慶和待客時端上這道菜：它賣相漂亮，是席面上最講究的大菜。

在中國看到人們吃生豬肉，你會大吃一驚。自古以來，中國人就覺得吃生食是野蠻人的習慣，甚至是一種「返祖現象」，退後到了野人「茹毛飲血」的原始時代。即便是現在，給很多中國人面前上一盤半生不熟的牛排，他們可能都會坐立不安。但雲南的情況比較特殊。它遠離中餐菜系的主流中心，與老撾、緬甸、越南交界，是一個多民族、多文化的邊緣地帶。漢族人在中國人口中占比超過百分之九十；而在雲南，他們的風俗習慣與包括藏族、傣族、白族和蒙古族在內的二十多個少數民族雜糅融合。當地的特色菜不僅有生豬肉，還有在中國其他地區也會被嘖嘖稱奇的各種菜餚，比如蟲子和起司。

大部分飲食文化都對生豬肉避之唯恐不及。所有未煮熟的肉都容易攜帶病菌，而豬肉尤其危險，可能導致「旋毛蟲感染症」：由寄生在人體腸道中的旋毛形線蟲引發，感染者可能遭受數月的痛苦，少數病重者可能死亡。還有可能感染絛蟲病，這種寄生蟲在英語中就叫「豬肉絛蟲」（pork tapeworm）或「亞洲絛蟲」（Asian tapeworm）。但也有一些社會對生食相當歡迎。德國人有時會吃「生肉麵包」（Mett），用碎豬肉混合洋蔥和香料搭配一起吃；近年來，一些廚師，包括在倫敦發展的西班牙名廚何塞·皮薩羅（José Pizarro），都逐漸開始提供顏色粉嫩的高品質伊比利生豬肉。而雲南則有生皮。

在雲南，吃生肉的習俗可謂歷史悠久。七個世紀前，馬可·波羅寫過，在今天的雲南省會昆明，「當地人會吃生肉——生家禽、生羊肉、生肉牛肉和生水牛肉。比較窮的人們會去屠宰場，把剛從牲畜身上摘取下來的生肝臟拿走，然後剁成小塊，拌入大蒜醬，當場吃掉。他們對其他各種肉類也會如法炮製。貴族們也會吃生肉，但會叫人切得很細，放在加了香料調味的大蒜醬裡，吃得怡然自得，和我們吃煮熟的肉別無二致」。

現在你是不太可能在昆明找到把生肉當作正餐的人了。但在大理，很多白族人經營的餐廳依然供應生肉、生皮。很多白族人還聲稱自己至少一週要吃一次。多次尋訪大理之後，我也漸漸對生皮好了奇、著了迷。當地人不擔心寄生蟲嗎？被我詢問過的大部分白族人都一臉無憂無慮地否認了這種擔憂，說他們沒聽說過任何人因此感染的。在當地一家市場，我跟一個年輕的肉販閒聊。他正站在水泥檯前，檯子上擺了一隻豬頭和豬的其他部位，都切好了，每一塊都有明顯焦化的生皮。「吃生豬肉是不是有點危險啊？」我問他。他沒有回答我，只是用刀割下一小塊肉扔進嘴裡，目光炯炯地與我對視。

作為一個堅定的「雜食動物」，生皮讓我陷入了特別進退兩難的窘境。我從未吃過生豬肉，在廚房裡處理生豬肉時也是相當小心翼翼。但在整個職業生涯中，我一直致力於吃下中國的一切，不帶偏見，也不表達偏愛：當地人吃什麼，我也要吃什麼。反正，大部分的飲食禁忌其實都不是出於理性，而是因為根深柢固的文化和宗教偏好。蝦和螞蚱都是富含蛋白質的多足動物，那憑什麼能吃前者就不能吃後者？但是，如果一種飲食禁忌合情合理，那該怎麼辦呢？

如果對肉的來源、飲食系統的總體安全性以及廚師的能力沒有極高的信任，精神正常的人很少有願意吃生肉的。在德國，生肉麵包消費市場有嚴格的監管條例，這種食物必須保存在精確控制的溫度環境下，且一定要在生產當天食用。皮薩羅曾為自己提供生伊比利豬肉的決定辯護，堅稱這是頂級品質的肉。一般來說，豬肉裡要含有旋毛蟲，只有在豬自己吃生肉的時候才有可能；所以在禁止給豬餵食生肉的國家，感染這種疾病的機率越來越小，接近消失（還有一個原因，就是大多數國家的人根本不吃生豬肉）。在歐洲食用生豬肉的風險也許相對較低，但大理的人們邀請我吃的生肉卻來源不明，切的時候就放在普通農家廚房的木砧板上。大理菜市場上那些肉新鮮是新鮮，可是連冷藏都沒冷藏。

最終，目睹白族人把生皮作為家常便飯似乎也沒產生什麼不良影響，這算是一顆定心丸，於是我決定嘗嘗。我找了幾個當地的朋友，其中一個是白族人，去了一家之前光顧過幾次的餐館，點了那道菜。上桌的時候，生皮的賣相真是漂亮。廚師用心地擺過盤，泛著黃銅光澤的肉皮被切成彎曲的片狀，形如鑽石，圍著整齊的肉堆，那些肉看起來像鮪魚刺身。我並非毫無疑慮，但因為之前堅稱自己想要嘗嘗，此時已是開弓沒有回頭箭，要是臨陣退縮就太難堪了。

豬皮出乎意料的好吃，帶著令人愉悅的焦香，像燻肉一樣，柔軟綿滑。生肉的口味介於鮭魚刺身和韃靼牛排之間，涼爽多汁，風味細膩可口。搭配的蘸汁由燉梅子、醬油、辣椒和大蒜等多種配料調製而成，熱辣鮮香，還放了許多香菜末和熟芝麻。我們用筷子夾起小塊的肉或皮，蘸了蘸汁送進嘴裡。好吃是一定好吃的，但吃的過程中，我心中總是籠罩著一種模糊的越軌之感。

請允許我給你建議：如果要吃有風險的東西，最好事先搜索一下可能出現的症狀，而不要做「事後諸葛」。那頓飯之後的幾個星期裡，我都焦慮不已、風聲鶴唳。

就在吃完飯的第二天，我告訴當地一位廚師說已經吃過生皮了，他面色一沉，但還是試著安慰我。他說，「雖然寄生蟲很危險，但你應該會沒事吧，只要別在下午一點以後吃。豬都是大清早殺的，所以你必須趁寄生蟲還沒長起來之前把肉吃了。而且吃的時候一定要用烈酒送下肚去，這樣什麼蟲都活不了。」我是下午六點鐘吃的生皮，也沒喝酒，這顯然不僅是對英國常識的漠視，甚至也違反了當地的規矩：我怎麼開始犯噁心了呢。

那晚夜深時分，我正講述著自己的美食歷險記，一個身在當地的外國熟人一臉駭然地看著我。原來，吃豬肉還可能染上絛蟲囊蟲病，會入侵大腦，引起痙攣甚至死亡。這個人長期居住在大理，他說，自己一開始並沒有覺得吃生皮會有多大風險，但後來從當地醫院一位加拿大醫生口中聽說還是會有寄生蟲問題存在的。

我心驚膽戰地回到自己的房間，在網路上查閱了關於寄生蟲感染的各種描述，幾欲嘔吐。不過，我也欣慰地發現，即使感染絛蟲囊蟲病會有很嚴重的後果，但不會因為吃生肉就直接感染：只有食用他人腸道中的絛蟲卵才會感染——換句話說，是因為腸道絛蟲流行的地方衛生狀況不佳才會感染。如果絛蟲在大理真的很猖獗，那我吃沙拉和吃生皮感染的機率一樣高。我也不知道是該警惕擔憂，還是該把心放回肚子裡。

謹慎起見，我還是去了當地一家醫院，向一位白族醫生詢問了寄生蟲的問題。他說，「在舊社會，可能吃生皮的人會得寄生蟲病，但現在肉都是經過仔細檢查的，感染率已經大大降低了。我們這兒的人天天吃生皮。」我問他一年大概會見到多少條蟲，而他要麼是不能，要麼就是不願意告訴我：「非常，非常少。」他言盡於此。

在多次尋訪大理的過程中，我只遇到過一個人承認有認識的人的腦子感染了寄生蟲——感染者正是她自己的母親。「是做CT的時候發現的，」她說，「反正我媽就吃了點兒藥，完全康復了。」這樣的事情並沒有讓她或她媽媽對這道佳餚望而卻步。「我們白族人在舉行大家庭聚會的時候，離了它是不行的，」她說，「豬肉是經過檢測的，也只有很小一部分是用來生吃的。沒事兒！」

回到英國，我進行了一系列的寄生蟲檢查，結果都是陰性。為了吃個生皮，搞得這麼人心惶惶，值得嗎？我不確定。但我品嘗的時候是相當享受的，而之後那一波又一波的不安，讓我感覺即便是致力於雜食的「動物」，也應該給自己設定個限度。雲南還有無數其他的佳餚任君選擇。大理當地人對吃生皮的風險不以為然，儘管如此，我還是替自己做了決定：吃那一次就夠了。

扶霞・鄧洛普

尋味東西

第三部分

心胃相通

獨品生蠔

（發表於《金融時報週末版》，二〇〇八年）

一個人在餐館吃飯，和其他一個人進行的活動一樣，關鍵在你的認知。如果你對此心懷愧疚，覺得不該這麼做，那就很可怕。換個角度，如果在你眼裡，生活是一場與人共享的偉大盛宴，而一個人吃飯則是其中一道配菜，可供你換換口味、享受消遣，那這頓飯就會很美味了。反正，與人共餐並不盡然總是愉悅的。如果你的飯友沉悶無聊，或者叫人討厭，或者交談起來沒有火花、話不投機，那你還不如一個人吃呢。另外，如果你只是太累了，無法給別人全心全意的回應，那麼把短暫的孤獨作為寄託，也許是恰到好處的選擇。

一天夜裡，在紐約，我肚子餓了，但又很累，不願意交際，於是便搭了出租車到中央車站，去了著名的「蠔吧」（Oyster Bar）。要一個人吃飯，這裡再好不過了。「蠔吧」裡鋪著條格桌布的餐桌位於專門闢出的一片區域，而有相當數量和我一樣的孤獨食客散坐在圍繞弧形吧檯展開的一排排座位上。我選了個U形吧檯坐下，面對一個手腳俐落、效率極高的東亞裔美國服務員。她站在櫃檯中央，忙碌地掌控著整個小空間，清理走餐具和牡蠣餅乾屑，從廚房裡端食物上桌，進行清潔工作，還得負責收錢。

我點了一大盤生蠔，東西海岸的都有，這邊甜、那邊鹹。生蠔上桌的時候，我很高興自己是獨自一人。像生蠔這樣純潔美好、靈光閃爍的美味，需要你全神貫注地去感受欣賞。你一定要先聞聞它們，感受海風的味道，甚至能隱隱聽到海鷗的鳴叫與海浪拍岸之聲。你把蠔肉從殼中剝落，擠上一點檸檬汁，來少許酒醋汁，或者甚至（在這家餐廳是這樣）抹點兒加了山葵的番茄醬。然後拿起整個生蠔，硬殼抵著嘴唇，讓肉滑入你的嘴，讓整個身心都臣服於那冰涼的性感以及銀霜一般清脆的大海之味。

一個女人獨自在餐廳吃飯，衣著光鮮、心滿意足，享受著一盤躺在冰床上的粗獷生蠔，這場景有種甜蜜的墮落感。這事我不經常做，但只要這麼做，就自我感覺像一九二〇年代的那些思想先進的女性，穿褲裝、抽香菸；或者是一九三〇年代神氣活現的英國傳教士，趕著騾子拉的車，穿越戈壁沙漠；甚至有時像瑪塔．哈麗（Mata Hari）〔1〕。偶爾獨自一人品個生蠔，而且發自內心地欣賞和享受，這讓我覺得自己做什麼都能成功。

那晚，生蠔吃完了，又上了馬賽魚湯，是那家餐館的特色，也給了我另一個理由為自己獨自一人感到高興。「要個圍兜嗎？」服務員問我。我像個兩歲小孩一樣，把那個塑膠圍領套在脖子上，印了歡快龍蝦的圍兜正面就這樣掛在我的衣服上了。要是有人一起吃飯，我肯定會覺得不好意思；但彼時彼刻，那圍兜就像一個許可，讓我可以毫無顧忌，全心投入到我的晚餐當中。馬賽魚湯裡放了滿滿當當的貽貝、不好對付的蛤蜊和半隻小個頭的龍蝦，全都浸潤在番茄和番紅花混合的醬汁裡——這醬汁能讓我白色的裙子變成「血案現場」。

一開始我還吃得很斯文小心，但吃到龍蝦的時候，我已經顧不上禮儀形象了：用沾滿湯汁的手掰開蝦鉗，又吸又嘬，還試圖去舔掉順著手腕流下去的海鮮味汁水。「你做得很好，」坐在我旁邊座位的一位食客鼓勵我說，「看，你衣服上和臉上都沒沾東西。」但場面還是很混亂，而且狂野。

然而，這種滿不在乎的墮落感好景不長，等我注意到幾乎坐在正對面、U形吧檯另一邊的那個男人，那種感覺就消失了。他身材魁梧、舉止威嚴，面前擺著我所見過的最離譜的一盤子生蠔。那盤子跟垃圾桶蓋一樣大，堆滿了冰塊，佈滿了很多不同大小和形狀的生蠔。他也是一個人，也沒怎麼表現出很餓的樣子。他開始吃生蠔。我一直用眼角的餘光充滿好奇地看著：他一個接一個地大口「痛飲」生蠔，有條不紊、不慌不忙，直到把那冰塊與蠔殼組成的「碎石」平原上的蠔肉全部吃光。

當晚，我是最後離開蠔吧的客人之一。那個服務員一邊俐落地打掃，一邊把我的帳單遞過來。「求你了，」我忍不住地祈求她，「給我說說那個男人剛才點了多少生蠔。」她哼了一聲，把一隻手在眉毛邊揮了一下，像是在說「瘋子！」，接著開口道：「服了，你自己看吧。」她把那男人的帳單副本打開，從吧檯對面推給我。眼前這張單子上列出了每隻生蠔的名字和產地，一列一列的，一共五十六隻，總價將近兩百美元。

1 瑪塔・哈麗是歷史上最富傳奇色彩的間諜之一。她出身貧苦，從荷蘭的鄉下女孩成為轟動巴黎的脫衣舞娘。一戰期間，她周旋於德法之間，後來被以「叛國罪」的罪名處死在巴黎郊外。

和如此的奢侈放縱相比，我那八隻不同種類的生蠔和一碗馬賽魚湯突然變得十分悲慘可憐。我離開餐廳時，就像一個六歲的小女孩塗了媽媽的口紅、穿了她的高跟鞋、吸著巧克力香菸一樣，擁有著虛張聲勢的狂野和大膽。

食色性也

（發表於《金融時報週末版》，二〇〇七年）

桌上擺著蠟燭，葡萄酒冰鎮就緒，背景音樂是輕柔的古典樂。皮耶羅到了，我為我們的晚餐進行最後的潤色。我以川菜的方式紅燒了整條鱒魚，加了豆瓣醬、薑、蒜和蔥。我還準備了一些新鮮清爽的蔬菜。我們各自就坐。我給他弄了點魚肉，輕輕地放在白米飯上。這頓飯我是花了大心思的，希望打開皮耶羅的味蕾，也喚醒他的慾望。到頭來，我的計畫卻失敗了，不過是以最意想不到的方式。

皮耶羅吃得過於投入，根本就忘了我的存在。他的舌頭愛撫地摩挲著絲滑的魚肉，舔舐著那多種風味融合的濃郁醬汁；吃著吃著，他竟然陶醉地閉上雙眼，舉起叉子，以義大利人的方式擊打著空氣。他呻吟著、喃喃著，我則坐在原地，用手指輕輕地敲打著桌面。他飄到天上去了，去了某個只屬於他自己的極樂世界。我已經失去了他。我什麼也做不了，只能埋頭一邊自顧自地吃魚，一邊嘆著氣。我冷靜嚴肅地反省了一下：要是自己穿著低胸露肩裝，展示豐滿的胸部，隨便往吐司上放點罐頭豆子，可能會更成功吧。

我一直堅信，憑我的廚藝，「勾引」男人不成問題。小時候我的人生榜樣是澤拉達，童書作者湯米．溫格爾一本圖畫書的女主角。她讓一個食人妖明白了世界上有比小孩更美味的東西，從而拯救了整個小鎮，使其免遭威脅。從七歲起，我就會凝視著書中的一幅幅圖畫：澤拉達在父親的廚房裡構想食譜，在火上烤乳豬，或者在掛了野兔和雉雞的廚房裡裝飾蛋糕……我渴望成為像她一樣的女人，這其中還有個最重要的原因：澤拉達最後和食人妖結了婚，對方剃掉粗糙蓬亂的鬍子，那下面藏著一張英俊的面孔；從此，他們過上了幸福的生活。

輪到我自己的時候，企圖用廚藝贏得男人的胃再贏得男人的心，結果都很災難。我想，這一切都始於我大學裡交了個「厭食症」男朋友。他漂亮得驚人，會寫詩，會帶我去看戲劇，但和食物卻「相處」得不太好。他覺得食物是危險的東西，必須小心翼翼地吞下，再透過在健身房長時間鍛鍊來代謝掉。那時候我還年輕，缺乏相關的經驗，並不真正理解為什麼我倆共進晚餐時，自己總會想起不吃肥肉的傑克和他不吃瘦肉的老婆。

後來，在倫敦工作時，我逐漸對另一個男人產生了強烈的戀慕之情，也為他做了飯：一隻烤雞，塗抹上檸檬汁和上等橄欖油，撒上各種香草。那隻烤雞在我的同類烹飪史上也算是佼佼者，但他卻對自己的體重十分神經過敏，所以去掉了那金黃的脆皮，也就是整隻雞最精華的部分，將其放在自己的盤邊，任上面的雞油慢慢冷卻凝固。我想，從那一刻起，我對他的感覺就變淡了。

再講講更近的故事。我跟一個男人約會了幾次，只要我一提某家特別喜歡的中餐館，他就一臉緊張的表情。他說，「如果你帶我去那兒，應該會逼我吃各種各樣蝦米一樣的東西吧。」他坦承，自己對一頓好中餐的概念，就是咕咾肉。「哦，我做得一手好咕咾肉。」我滿懷希望地說。「這不就對了嗎！」他說。可是我的心略微一沉。我花了這麼多年研習中餐烹飪的藝術，到頭來就是為了這？做咕咾肉？

最可怕的災難，是我為一位嚴格素食者做的一頓晚餐，他還懷揣著追求純素[1]

1 純素和素食略有不同，純素主義者除了不吃肉、蛋、奶，也不用任何動物產品。

的雄心壯志。此君英俊有趣，但從做人的哲學上根本反對享樂主義，並堅稱自己感受不到美食帶來的樂趣。我懷著廚房魔法的巨大能量可以讓人回心轉意的堅定信念，沒有理會他。我花了好幾天的時間思考要做什麼給他吃，甚至還翻閱參考了《廚房裡的維納斯》（*Venus in the Kitchen*）等「催情菜」食譜；不過，這些食譜一提到牡蠣與鵝肝催情的可能性都是滔滔不絕，但關於蔬菜的部分卻有些單薄。

我可不想做得太過複雜，嚇著我這位崇尚清苦簡樸的仰慕者：華麗的醬汁或奢侈的香料都可能讓他起戒備之心。而且我也不想走邪門歪道，不會考慮偷偷摸摸在扁豆凍裡面藏點兒蠔肉末或鵝肝末。這一餐必須做得簡潔樸素，但又要帶來極其出色的感官享受，要非常美味，讓他情不自禁地被感動，拋開自己所有的原則和理念。我先做了一些開胃菜：茄子切成片，鹽醃之後煎成飄著豐厚奶油香味的厚片，配上香氣撲鼻的濃稠酸奶和新鮮芳香的蒔蘿組成的誘人蘸醬。還有一些烤得微焦的紅椒條，發著幽微的黑光，帶著煙燻風味，在舌尖上溼潤綿軟地散開，再配上新鮮出爐的土耳其麵包。主菜我準備了一道波斯燉鍋，加了黃豌豆、榲桲，用薑黃和番紅花調味。上桌時我在表面上點綴了炒松子、焯過水的菠菜，又配上了蒸白米飯。是的，這是一頓簡單的便飯，但感覺很對。最終每道菜的味道都特別好，每吃一口我就陷入某種「聚焦」狀態，被迫給予其短暫的全神貫注。

我羞澀而急切地等待著這頓飯作用於這位男伴。但什麼也沒發生。他把食物放進嘴裡，咀嚼幾下，嚥下肚去，敷衍地說了些「真好吃」之類的話。但再清楚不過的是，我的努力全都白費了，他個人的「芮氏快感震度量表」沒有因此出現一絲波動。我們繼續聊天，吃完了這頓飯。但他對食物的無動於衷，讓我覺得淒涼孤寂，內心死去了一點點。那晚結束得很糟糕，我再也沒跟他見過面。

是對快樂的認知不對路嗎？當晚深夜，我思慮不已，眼前浮現出一群科學家將我們兩人連接到一大堆電極上，監測我們在某個餐廳共進美妙的午餐。就假設在「肥鴨」餐廳吧。我們禮貌地交談，頭上連接的電線五顏六色地糾纏在一起，就像那種老式的蜂巢吹風機。第一道菜上來了，一塊鵝肝浸在鵪鶉清湯裡，下面是青豌豆泥組成的一股潛流。我們開動了，監測我的機器顯示我的大腦有了一連串活動，嗅覺皮質輕微地波動起來。但他那臺監測器沒有任何變化，還是平穩單調的「嗶嗶」聲，一條直線貫穿始終。科學家們檢查了線路，扭動了幾個插頭。但事實就是如此，沒有接觸不良的毛病，是他的內部線路出了問題。他舌頭上吸收甜味和鹹味的感官，鼻腔中搜集香味的纖毛，和他那除了對食物之外都很高能的大腦之間，就是連接不起來……

那頓不幸的晚餐過後，第二天我起得很晚，往玻璃杯裡擠了兩個柳橙的果汁，喝著那甜美的汁水，突然湧起一陣愉悅。午飯的時候我想也沒想，就買了一塊很大的牛排，親手烹製並吃掉了這還粉嫩帶血的美味。

反過來，我也一直堅信，要是有人給我吃對了食物，我就會跟定他。對我來說，食物和愛情是統一連續的：我不確定自己是否清楚到底哪個是起點哪個是終點。不是每個人都能看清這一點，如果看清了，就會讓人略感不安。不久前的一頓晚餐，我的對面坐了一位年紀稍大、極富吸引力的男人。那頓飯非常精彩，同伴賞心悅目，我一邊吃，一邊感覺自己平時的戒備和收斂都慢慢融化了。我感覺煥然一新、神清氣爽，而且完全赤裸，好像某一刻我甚至熱淚盈眶。我覺得別人可能都沒注意到，但這個男人——嗯，他注意到了。那是一個奇妙的親密時刻：我們身在一個餐館，旁邊坐著其他人；但是，如果我們一起赤身裸體地躺在床上彼此依偎，他可能就無法更充分地認識我了。我敢肯定，他也很清楚這一點。這種由食物表達的特殊語言並不通用，但能說這種語言的人，我們能夠理解彼此。

我有個男性朋友，我倆在美食方面的關係可謂天作之合，然而我們卻從未做過戀人。他和我，我們一起吃飯，共同分享一種幾近心醉神迷的愉悅。我們分享一盤新鮮小龍蝦，用手指捏著去蘸顆粒感很強的蛋黃醬。我知道他的感覺和我的感覺是一樣的，反之亦然。我理解他烹飪的食物，這種理解正是他所期望的；他也比其他任何人都要愛我做的食物。在食物方面，我們實在是完全趣味相投。從某種意義上說，這是一種深入而完美的共鳴；但我倆談起話來卻並不總是特別輕鬆愉悅，友誼也起伏不定。與此同時，我還在給禁慾的、節食的、英國的、厭食的……形形色色的男人做飯。命運似乎故意將我作為開玩笑的對象。

正值亟需之際，食物的「誘惑屬性」卻如此深奧、難以捉摸，事情何至於此？根據我的經驗，不可抗拒的，永遠是意外的狂喜。數年前我暫居羅馬，與一位美國建築師聊起天來。我們覺得彼此都很有趣，有幾天時間都拿著素描本一起四處遊蕩。他打開了我在文藝復興時期建築美學方面的眼界，引領我去發現金山聖伯多祿堂（Tempietto）[2]和卡比托利歐廣場（Campidoglio）[3]。第二天深夜，我們晃盪到特拉斯

2 位於羅馬的一座小教堂，被公認為文藝復興全盛期的登峰造極之作。
3 羅馬著名廣場，羅馬市政府所在地，其中有三座著名雕像，中央就是著名的皇帝騎馬銅像。

提弗列區（Trastevere）〔4〕，覺得又累又餓，決定去吃點披薩之類便宜又飽足的東西。我倆身上都沒多少錢，之前基本上都在免費享受羅馬的樂趣。

我們在一條窄巷中巧遇一張擺滿開胃小菜的桌子。時間過去這麼久，當時的細節已經回憶不起來了，只隱沒在一團朦朧霧氣中，飄散著誘人的香氣，瀰漫著繪畫大師般的色彩。我只記得，桌子上展示的菜品如此引人入勝，我們根本走不動路，於是決定在店裡嘗幾道簡單的開胃菜，再繼續搜尋披薩店。我們坐在戶外的一張桌子旁，服務員展開潔白嶄新的餐巾鋪在我們的膝蓋上。我們決定來點佐餐酒。結果，那些蔬菜，那光滑的茄子和鮮嫩的洋薊心，彷彿有著神奇的魔力。這些開胃小菜彷彿牽著我們的手，讓我們無法抗拒地點了主菜，再點了甜品。不知不覺間，我們就來到地下室，在那有壁畫裝飾的古老羅馬蓄水池中喝起了香檳，那時候已經午夜時分。（我們是被領班邀請下去的。我猜他應該是看到我倆身上散發的幸福之光，錯認為我們是度蜜月的新婚夫婦。）

那天晚上，一切都在發光。我們沿著臺伯河（Tiber）河岸漫步回家，腳步輕盈，心情愉悅，身後彷彿留下一串串閃光的雲彩。然而，我懷疑如果我們是刻意去尋找浪漫，最後只會吃到一個溼軟的披薩餅。也許正因如此，儘管我在烹飪方面下了那麼大工夫、做了那麼多努力，如今卻仍在等待屬於我的那個食人妖。

4 羅馬富有特色的老城區，具有濃厚的義大利風情，非常熱鬧且充滿活力。

熱情如火

（發表於《金融時報週末版》，二〇〇五年）

一次晚餐聚會上，我遇到一個好奇心旺盛的男人。我們聊著聊著，話題漸漸轉到食物上來：只要我解釋自己到底是做什麼的，情況通常就會如此。我很驚訝地聽他說自己並不喜歡「吃」，甚至可以說是討厭「吃」。他說，「食物把我們與肉體、下賤的天性與必死的命運聯繫在一起，如果你以吃為樂，就會忘記去追求更高尚的人生目標。食物令人墮落，食物奴役人類。坦白說，如果我不是非要吃，我就不會吃。」他繼續講著，說自己在智識上認同斯巴達派簡樸、禁慾的生活，也早就拒絕吃肉了，因為這是他能做的最接近於完全不吃東西（而又活著）的事情。

我毫不掩飾自己的難以置信，並從各個角度向他「開火」。先是從智識角度：

如果你如此懼怕成為肉體的奴隸，為何還要抽菸？（這點他承認了。）然後是營養學角度：好的烹飪和飲食是健康與幸福的基礎，所以如果能夠鼓勵人們透過多樣化又平衡的飲食來養活自己，享受美食又有什麼壞處呢？再上升到道德層面：如果通過食物獲得樂趣其實可以激勵人們去追求你萬分關心的更高尚目標，又該當如何？（遺憾的是他還沒看過《芭比的盛宴》〔1〕——我敦促他立即去看。）還有社會角度：吃，能讓家人團聚、朋友相見、拉近距離；要是沒有了吃，社會不就分崩離析了嗎？以及情感：要是你不喜歡吃，活著還有什麼鬼意思啊？

讓我來詳細闡述一下自己的觀點。打從記事起，美食就一直是我最大的樂趣之一。孩提時代我就樂於下廚房。九歲的時候我已經愛上了大蒜奶油蝸牛。我十幾歲時的青春日記不僅充滿了關於課堂政治的焦慮、情場失意的痛苦，還有各色食譜以及對美食情有獨鍾的描寫。我媽甚至宣稱，她記得我還是個嬰兒的時候，第一次嘗到固體食物，臉上容光煥發的喜悅。

---

1 *Babette's Feast*，一九八七年上映的丹麥電影，由同名小說改編。故事梗概是在丹麥的一個小村莊，曾是法國大廚的女傭芭比為自己的僱主及村民準備了豐盛的晚餐，讓虔誠信教、一生禁慾的人們初次享受到美食之樂。

所以，這個男人與我的交談，倒不如稱之為篤信「地球是平的」協會的成員和天文學家的對話。勸服他轉變的機率：零。但我竟然對與他的這種對話產生了一種奇怪的迷戀，並且周身都被美好的感覺與憐憫之心所淹沒。之前我也不時有過這樣的經歷。比如我曾遇到過一個可愛的八歲小女孩，她除了罐頭肉醬拌義大利麵之外，幾乎什麼都不吃。這些都是「芭比的盛宴」的時刻，我也總是確信，勸服對方轉變一定是有可能的。只要時機對了、飯友對了、飯菜對了，那些可憐的迷失的靈魂啊，他們的眼界會被打開，他們的舌尖會如花朵綻放，他們會發現食物不只可以作為支撐生命的養料，也可以是一種愛的力量，甚至帶來靈性的頓悟。

我一生中見過不少這樣的人，他們吃著簡單樸素的食物長大，而後來遇到真正的美食，涓滴成海，慢慢融化了他們心中的堅冰。我之前有個室友伊恩，搬進我家時奉行的飲食「養生之道」主要是超市裡打折的泡芙和蛋黃醬通心粉，處理一下直接端著鍋子吃。我震驚不已，於是在兩年內擔任了他的「飼養員」，讓他吃我試做出來的四川菜，也帶他入了烹飪的門。現在，他經常在週日邀請我去他家吃豐盛的午餐，燒鵝美味，配菜琳琅。但最偉大的一場「政變」，要數我母親把我寫的川菜食譜借給她的一個朋友，一位住在靜謐的聖公會修道院的修女。她還書的時候還留了個言，說自己之前從未意識到，食物能夠承載這麼大的意義。如果一個遠離塵囂的修女都能被飲食的喜悅所說服，那麼肯定一切皆有可能吧？

就在那一晚，那個質疑發問的男人相當有吸引力，所以我們在意識形態上的對峙更顯機鋒。我想起電影《熱情如火》（*Some Like it Hot*）中的一幕，湯尼．寇蒂斯（Tony Curtis）扮演的男主角假扮自己是坐擁遊艇的百萬富翁，他刻意裝作對性冷感，反而更加引勾引女主角瑪麗蓮．夢露熱情沸騰。這個男人越是自稱不為飲食樂趣所動，我就越渴望去打動他。不管他在美食方面的「冷感」是發自內心，抑或只是戰略，是裝出來的玩世不恭，這副樣子肯定達到了「熱情如火」的效果。因為對話半小時後，我唯一的渴望，就是把他釘在一把躺椅上，強餵他吃下一勺勺奶油布丁。我可能沒有瑪麗蓮．夢露那樣的性感美貌，但我做的奶油布丁很好吃的，我還沒遇到過誰能抵抗這等美味。所以，我站在那裡，擺出一副美食傳教士的姿態，一臉嚮往地看著這個「異教徒」、這個可憐的流浪兒、這個亟待拯救的靈魂。

而他也一臉嚮往地看著我，但更多是出於智識上的好奇，而非某種渴望。所以我們在那裡站了一會兒，陷入「不共戴天」的戰鬥：鐵血無情的斯巴達派，對陣用番紅花與玫瑰的迷幻香氣當武器、驕奢淫逸的「波斯人」。接著，另一位客人插嘴進來寒暄了兩句。我倆之前因為美食構建起來的脆弱性感張力被打破了，時機已逝，聚會也很快就散了。

雜食動物養育指南

（發表於《金融時報週末版》，二〇一八年十一月刊）

我媽懷上我不久，她的祖母為她訂閱了《藍帶》（*Le Cordon Bleu*）雜誌。我媽每拿到一期就專心致志地閱讀，還從中自學了經典法國菜的基本技巧。她不是在做荷蘭醬或泡芙酥皮，就是滿懷熱情地在參照各類食譜下廚，其中有克勞蒂亞·羅登的《中東美食》（*Book of Middle Eastern Food*），還有各種從折扣店和慈善商店覓來的外國食譜書——她越買越多。所以，即便還在娘胎，從一些偉大的世界佳餚中提煉出來的精華就在滋養著我。我一直懷疑這是參與塑造我命運的早期影響。

據說，嬰兒時期的我總是餓得嗷嗷待哺。我媽到現在還收著一卷錄音帶，記錄了我貪婪吮吸著母親乳房的聲音。她的乳汁本身一定含有豐饒的美食風味。我母親在一九五〇年代的薩里郡長大，她吃的東西，在那個時代看來，國際化得非同尋常。她的父親是奧地利猶太人和英國人的後代，在維也納度過了一段童年；直到生命將逝，他的早餐還是黑麵包配醃肉起司。他也熱愛烹飪，不僅愛做中歐菜，還喜歡做咖喱，因為戰時他在錫蘭和緬甸做過突擊隊員，喜歡上了那裡的特色飲食。我的外婆因為很難買到義大利麵之類的外國食材而鬱鬱寡歡，甚至一度開了間熟食店。我媽年輕的時候在倫敦工作，會從外國朋友那裡蒐集各種食譜，這些朋友有來自肯亞的印度人，還有希臘人和阿拉伯人；等有了我的時候，她的飲食已經非常多樣化了。

我媽說，她永遠忘不了我第一次嘗到固體食物時，那胖乎乎的小臉上突然煥發的狂喜。那種飲食帶來的強烈愉悅永遠留在了我體內，再沒離開；我說出的第一個帶交流功能的詞是「還要」（more）。我們家在牛津，媽媽在那裡給外國學生教英語。這些學生總要徵用我們的廚房，做一頓充滿思鄉之情的大餐。土耳其人會做黃瓜優格醬「卡西克」（cacik），還會在烤架上烤羊肉丸子。一次日本料理聚餐上，有個調皮的學生拎著一條巨大的生魚悄悄溜到我身後；我還記得自己當時轉身對著那條魚張開的大嘴，嚇得不輕。伊朗人和葉門人會來串門，帶的禮物也是食品。有個日本女孩在我們家住過一陣，早餐會給我們做「兔兔蘋果」（將蘋果片切成長耳朵的形狀）和日式飯糰。我媽會把大家的食譜都記下來，就算這些學生已經畢業離去多時，他們的菜色卻在我家廚房裡保留了下來。我們的食品櫃是充滿草藥與香料的寶庫，從小茴香到紅椒粉再到阿魏（asafoetida）〔1〕，應有盡有。

童年時代的我們當然是極盡所能挑三揀四。我們不喜歡每頓飯都要被迫吃蔬菜，之後還得吃水果。我們更希望能靠冰淇淋、起司、馬鈴薯和巧克力過活。但那時候的小孩子通常享受不到「單點」（à la carte）的服務，大人往我們盤子裡放什麼，就得全部吃光。我們唉聲嘆氣，我們大鬧餐桌，上演「扁豆咖喱之戰」這種「大戲」——對這道菜我們可是積怨已久——最終同意嘗嘗扁豆，結果很喜歡，從此和扁豆「過上了幸福的生活」。我們根本不瞭解大部分英國人眼中的「正常飲食」是什麼樣子，這對我媽來說很是有利。牧羊人派之類的傳統幼兒食物偶爾會出現在餐桌上，但都只是一場「大秀」中的匆匆過客，其他「演出者」包括法式砂鍋燉菜、非洲黑眼豆沙拉、匈牙利紅燒牛肉佐餃子、鑲填羊心、中東塔布勒沙拉和自製優格。所有人都在一起吃飯，無論大人小孩，也不會為難以取悅的嬰兒小祖宗們單獨準備什麼菜。

1 一種以植物樹脂製成的塊狀藥用物，有強烈持久的蔥蒜氣味，味道辛辣，嚼之有灼燒感。

我母親還是一位出色的戰略家。在我們鬧脾氣的時候，她通常會想起來：哎呀，本來是要給我們吃巧克力布丁的，但遺憾的是，只有把春季蔬菜吃完了的小孩，才能夠吃布丁。她把人陷於如此無法選擇的境地，我們真是氣得冒煙，但又只能把盤子裡的菜先吃光。不過，她最高妙的計策，是規定我們可以選擇三種不吃的食物，條件是其他所有東西都得吃——這樣算是授予了我們選擇權，又讓我們非常認真地去思考最最討厭什麼食物（我那時候選擇的三種「食物天敵」是蘑菇、防風草根和茄子）。她還向我們灌輸了這樣一種觀念：如果有人不辭辛苦地為你做了飯，你還要抱怨，那就太不禮貌了；飯桌上禁止出現「我不愛吃！」這句話。

另一方面，在我們的成長過程中，做飯和吃飯都被視為快樂源泉。我媽總是渴望去品嘗新菜，越不尋常越好，還會對不熟悉的菜品進行法醫一般認真詳細的分析，努力去猜測做法製程。我還記得自己看著她的樣子，心想：「我也希望能像她一樣。」她還鼓勵孩子參與烹飪。我媽向我展示了如何捏住新鮮草藥的葉子，使其釋放香氣；在菜市場上如何輕輕捏捏水果，看是否成熟；她教會我如何細切洋蔥、做奶油炒麵糊、擀酥皮、給雞拆骨。我會站在爐灶前的椅子上，攪著鍋裡的東西。「加點兒鹽怎麼樣？」我媽會說。「加多少？」我會問。「嘗一嘗，看需要多少。」她如此回覆。這責任好大啊，我嚇到了，而且有點膽怯，但還是抖抖索索地加了鹽，慢慢有了自己的味覺標準，信心也逐漸增強。我媽從沒節食減肥，從沒提過體重，也從沒說過吃是罪惡感的根源。最近，她說這是一個有意識的決定：很多女性痴迷於節食，她們採取的方式讓我媽深感痛惜，所以下定決心絕不會在自己的女兒們面前說類似的話。她把所有健康飲食之道對我們傾囊相授，比如飯菜是由蛋白質、澱粉和蔬菜組成的，比如維生素和礦物質，以及廚房衛生和家政方面的規矩——但我至今也不知道食物卡路里究竟有什麼實際意義。媽媽經濟拮据，再加上孩子哭鬧，還遭受憂鬱症發作之苦而精神衰弱。可是我們的每一頓飯菜她幾乎總是從原料開始一點一滴地做起，這在很多時候一定都很辛苦，但整體說來，她從未喪失對下廚的熱愛，也總能夠將這種享受傳達給她的孩子們。

中學時期，我逐漸覺得媽媽古怪的口味有那麼一點叫人尷尬。我那些朋友們的父母有時候提到她做的生雞蛋、山羊起司和鷹嘴豆泥，都會似笑非笑地嗤之以鼻——即便是在整體上思想前衛先進的牛津，她那些食物也怪得叫人震驚。十二歲時，我和一位朋友辦了人生中第一場燭光晚宴（主菜是我做的，按照森寶利超市的一個食譜做了道香腸腰子砂鍋）。十四歲時，我已經可以愉快地在廚房掌勺，不僅做蛋糕和餅乾，還會做常規、健康和經濟的家常餐點。放假時我們一家人去歐洲露營，我也會記下食譜，尋覓新的美味。嘗、烹、吃——並在其中獲得超凡樂趣——已經成為一種習慣，並將定義我人生和未來事業。如果說我們的家常便飯是「全球食譜大遊行」，那麼聖誕節的時候，英國傳統便會大顯一日的身手。我記憶中那一天裡從未用過食譜書，我的曾外祖母、外祖母和母親好像對要做什麼總是成竹在胸。時光流逝，我也逐漸掌握了這場富有儀式感的晚宴的所有元素，這也一直是我自己作為英國人民族身分認同的核心，我將自己投身於外國文化影響的大漩渦之中，而這個核心，就是穩住我的錨。

小時候，面對一盤盤的胡蘿蔔和豌豆，我氣鼓鼓地發誓，一長到有權選擇的年紀，就不會再碰蔬菜，只吃垃圾食品。但我媽在飲食方面的教化灌輸（無論是胎教還是我出生以後）太成功了，我一離開家，就發現自己在根深柢固、無法抗拒的直覺驅使之下，重現了家中均衡飲食的規則：吃水果和蔬菜，為朋友們做一頓從原料開始的大餐；我的妹妹與弟弟都是如此。

一九九〇年代中期，我旅居中國，那時的我已經萬事俱備，完全能應對飲食上的挑戰：充滿好奇心，什麼都願意嘗試，也很禮貌，甚至可以吃下我一開始十分排斥的食物。也許從「扁豆咖喱」那一課開始，我就在某種程度上意識到，厭惡情緒很多時候是一種心理結構，我可以在通往享樂主義的路上克服這種心理結構。我就像曾經那個貪吃的嬰孩，仍然願意把幾乎任何東西放進嘴裡，越驚人越好。發酵的龍蝦內臟、臭豆腐、黏糊糊的海菜、嘎吱嘎吱的軟骨：這些我都很愛吃，它們是那麼反常規、新奇、多餘和怪異，正是它們深得我心的原因。成人後的我，臉上仍然會因為美食帶來的愉悅而煥發光彩，我也會試圖透過這種方式來把愉悅傳遞給他人，來解釋世界上一些美好的奇蹟。而這所有的一切，都得感謝我媽媽。

扶霞・鄧洛普

尋味東西

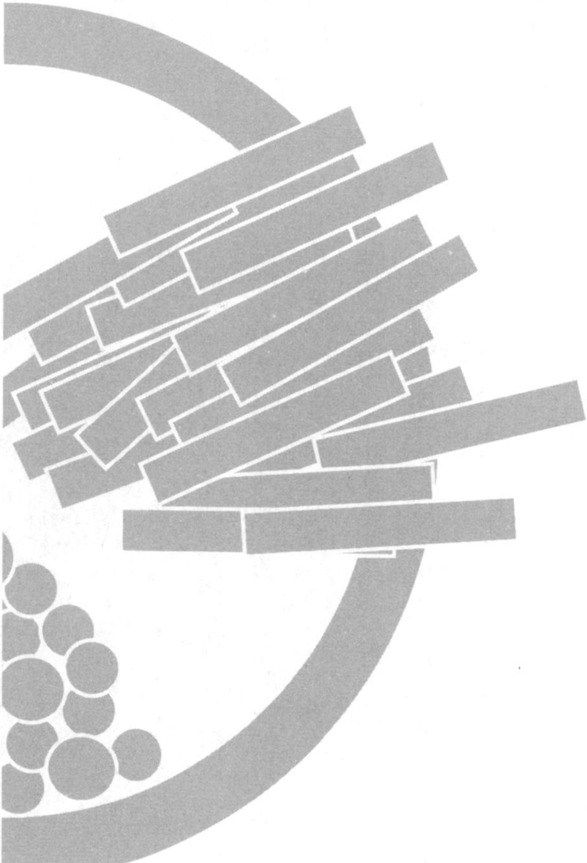

第四部分

食之趣史

左宗棠雞奇談

（發表於《牛津食品與烹飪研討會論文集》，〈廚房裡的真實〉，二〇〇五年。）

（譯按：本篇原注較多，故所有注釋，若無特殊說明，均為作者原注。編按：本篇參考資料及注釋集中列於文末，敬祈讀者諒察。）

兩年前，我決定前往中國，到位置偏南的湖南地區研究當地美食，行前只能做很基本的功課。我能找到的唯一一本專寫湘菜的英文書，是《鍾武雄中餐湘菜譜》（*Henry Chung's Hunan Style Chinese Cookbook*），由一九七〇年代一位舊金山的湖南籍從業者所著。我自己在食物和烹飪方面的中文藏書十分豐富，但就算在那其中，我也很難找到關於湘菜烹飪的資訊。而在網路搜索結果和美式中餐食譜當中，有一道菜的名字總是一次又一次地出現：左宗棠雞（英文是General Tso's chicken）。在美國東部，這道菜似乎已經成為湖南菜的代名詞。

左宗棠雞是用中式炒鍋做的一道菜，大塊的雞肉（通常是顏色較深的雞腿肉）掛上麵漿，油炸後裹上加了乾辣椒的糖醋醬汁。醬汁的確切成分眾說紛紜：有的食譜裡會加海鮮醬，有的會加番茄醬。這道菜廣受食客歡迎，不僅出現在所謂的湘菜館的菜單上，而且在很多主流中餐館的菜單裡，左將軍也是榜上有名。

這道菜是以左宗棠（英語中除了拼音，另一個音譯是Tso Tsung t'ang）命名的，他是十九世紀一位令人敬畏的大將軍，據說他很喜歡吃這道菜。左宗棠於一八一二年出生在湖南省湘陰縣，卒於一八八五年，在清朝的民生與軍事管理方面均建功立業、成就輝煌。他成功指揮了平定「太平天國」叛亂的軍事行動，還平定了另一場史稱「捻亂」的農民運動，以及中國西北部一場暴動。左宗棠從叛軍手裡收復了中國西部廣袤的沙漠地區新疆，因此聲名顯赫。〔1〕湖南人尚武重兵有著悠久傳統〔2〕，除了組建湘軍的曾國藩之外，左將軍也是那裡最著名的歷史人物之一，當然還有中國共產黨的領袖毛澤東。

中餐中很多菜餚的命名都是為了紀念某個據說很愛吃那道菜的名人。比如，川菜裡的宮保雞丁，就是以丁寶楨命名的，他於十九世紀任四川總督，後來又得了個榮譽官銜，人稱「宮保」。湘菜中的宴席菜「祖庵魚翅」，名字來源於二十世紀早期民國政府主席和傳奇美食家譚延闓（字祖庵），他和自己的家廚曹敬臣一起創造了這道菜。更近的還有全湖南的餐館以及北京、上海等城市的湘菜館都開始供應的「毛家紅燒肉」，這是毛澤東最喜歡的一道菜。我提到的這些菜全都出現在地方菜系的食譜和地方菜館的菜單上，它們與相關名人的關係也廣為人知。

雖然左宗棠雞完全符合這一傳統，人們卻普遍認為這道菜來自美國華裔的杜撰發明。不過，關於其確切起源的說法多種多樣、大相徑庭。《華盛頓郵報》曾經刊登過一篇文章，題為〈誰是左將軍，我們為什麼要吃他的雞？〉。作者邁克・布朗寧（Michael Browning）以一種不知從何而來的異想天開提出疑問，移民來美的中國人把這道被剁成雞塊的菜命名為此，是不是因為「左將軍」對叛軍展開了「殘酷無情的反擊，無數人被他剁得粉身碎骨」，就像雞塊？他還引用了羅因非（Eileen Yin-Fei Lo）在著作《中餐廚房》（*Chinese Kitchen*）中的話，說這道菜是經典湘菜「宗堂雞」[3]，即「祖宗堂上雞」[4]。艾瑞克・霍克曼（Eric A. Hochman）在他的線上「權威左宗棠雞網頁」（Definitive General Tso's Chicken Page）中表示，這道菜是一九七〇年代湘菜和川菜剛出現在紐約時，由該市東四十四街上一家餐館的廚師「彭師傅」發明的[5]。布朗寧在他的文章最後又引用了曼哈頓另一位餐飲從業者湯英揆（Michael Tong）的話。這位湯先生聲稱，是自己的前合作伙伴、「才華橫溢的中國移民大廚王春庭（T. T. Wang）想出了『左宗棠雞』的食譜，它有時候又叫『春將軍雞』或『庭將軍雞』」〔6〕。

可以肯定的一點是，這道菜在哪裡都很出名，在湖南本地卻寂寂無名。二〇〇三年，我第一次去湖南，提起這道菜時，面前的每個人都眼神空洞。但凡有點權威的湘菜食譜，沒有一本提到關於這道菜的隻言片語，其中包括由國營企業湖南省副食品公司和長沙餐飲公司合編的《湖南菜譜》〔7〕、湖南科學技術出版社近期出版的一系列權威的湘菜譜，以及老一輩湘菜大廚石蔭祥的《湘菜集錦》〔8〕。這些書囊括了整個湘菜體系的經典食譜，比如祖庵魚翅、東安子雞和臘味合蒸，但根本沒提到左宗棠雞或任何與之哪怕有一點相似的菜。

過去兩年來，我在湖南度過了大段大段的時光，也從來沒見過哪家餐館的菜單上出現這道菜。我遇到的人中，唯一聽說過這道菜的，是省會長沙專業廚師小圈子裡的成員。其中之一是湘菜名廚許菊雲，他錄製了一套VCD，在裡面展示了十九道經典湘菜的做法，就包括了這道菜。還有一位是中國烹飪協會湖南分會創立者楊張猷，他在《湘菜》當中用了一頁的篇幅來介紹左宗棠雞。這本書所屬的書系介紹了中國的「八大菜系」。楊張猷在該食譜後面的附言中寫道：「相傳清朝著名將領左宗棠喜歡吃以這種方式做成的雞……這道菜廣受歡迎、聲名遠揚，至今仍是眾多中外餐館的招牌菜。」〔9〕長沙美食界另一位領軍人物、國營企業長沙餐飲公司領導劉國初在二〇〇五年出版的一本書中寫道：「左宗棠雞得以傳世，全靠他的名氣……左宗棠很愛吃這道菜，於是它就有了很大名氣，廣為流傳，成了一道著名的傳統湘菜。」〔10〕

這些關於左宗棠雞是一道傳統湘菜且將軍本人很愛吃的斷言，是經不起任何推敲的。首先，如果有任何蛛絲馬跡的證據能將真正的左宗棠和這道以他命名的菜餚聯繫起來，那這道菜似乎不太可能湮沒無聞，不被公眾所知。中國人對名人和食物之間的關係有著近乎狂熱的興趣。老字號的餐館會展示從古至今的政治、軍事名人留下的墨寶，內容是讚揚這家餐館的烹飪技術，還會掛上到訪名人的照片。長沙餐館「火宮殿」出版了一本紀念相冊，收錄了十五名品嘗過其小吃的名人，包括曾國藩和毛澤東〔11〕。要說人們真的「忘記」了傳奇將軍左宗棠和這麼一道菜的歷史關係，那也太不符合中國的文化特色了。（對比一下川菜宮保雞丁，成都的每個出租車司機都是張口就提這道菜的。）

有沒有這種可能：左宗棠雞的歷史記錄在毛澤東的那些政治動盪年代中被刪除了？和前面一樣，這應該也不太可能。的確曾有些具有皇家或封建意味的菜餚被重新命名。比如宮保雞丁就曾被改名為「煳辣雞丁」，一九八八年出版的一本官方食譜還沿用了這個名字[12]。在文革即將結束的一九七六年出版了一本官方湘菜譜，裡面收錄了一道食譜，明顯就是譚延闓的「祖庵魚翅」，但名字卻將其與這位國民黨軍官的關係模糊了，只簡單地叫「清湯魚翅」[13]。然而，鑑於左宗棠將軍只是清朝的軍事英雄，並非國共內戰戰敗一方的軍官，他最喜歡的菜餚似乎不會遭到同樣的待遇。除此之外，文革結束後，宮保雞丁和祖庵魚翅迅速恢復了原名，兩者被政治汙名化也只是過眼雲煙。

如果左宗棠雞的確是來自某個曾經失傳已久、近期又被重新發現復興的湘菜譜，鑑於餐飲行業競爭激烈，老百姓又對與名人有關的菜餚特別感興趣，對新菜式和創新烹飪有著持續不斷的需求，前面提到的那些名廚和美食作家不將這道菜重新介紹給湖南公眾的可能性是很小的。

左宗棠雞並非傳統菜餚，最有力的證據在於其本身的特性。這道菜裡有一些傳統湘菜的元素，特別是辣味和酸味的結合（這裡用的是乾辣椒和醋）。不過，大部分左宗棠雞的食譜裡都要用到大量的糖。特別值得一提的是湖南名廚許菊雲，他在VCD中展示這道菜時，往醬汁中加了滿滿兩勺糖，所以成菜就會有明顯的酸甜味，再加一點炒香辣椒的辣味。如果是做川菜，這不足為奇，因為四川人調味豐富是出了名的，一道川菜裡混合甜、酸、辣的味道是常事。

然而，在湘菜的烹飪中，糖通常並不出現在餐館的調味料備菜區，也很少添加到鹹味菜餚中。湘菜的主味是鹹、辣和酸；甜味在很大程度只是做個輔助補充，出現在少數甜湯、包子和其他不在正餐時間吃的甜食中。儘管有些湘菜譜中有糖醋里脊、添加甜味番茄醬的各種菜餚以及加冰糖調味的滋補湯羹，但這些菜餚其實很少會真正出現在當地餐館和家常的飯桌上。

二〇〇四年秋天，我去了臺北的「彭園」湘菜館，在那裡才被引向了左宗棠雞真正的起源。採訪餐館經理之前，我翻閱了菜單，注意到一道菜叫「左宗棠土雞」，譯名是「Chicken a la Viceroy」（總督雞）。採訪期間，餐館經理彭鐵誠告訴我，是他的父親彭長貴創造了這道菜。彭鐵誠說，他父親第一次做左宗棠雞是在一九五〇年底負責臺灣政府部門各種活動的餐飲工作時。這道菜出現在各種所謂的國宴菜單上，包括款待一九五五年到臺北執行祕密任務的美國海軍上將亞瑟・雷德福（Arthur

Radford）的那些宴會。

彭長貴本尊高大威嚴，已逾八十高齡，完全記不清自己首次做這道菜的確切時間，不過也說了是在一九五〇年代的某個時候。「在那之前，左宗棠雞在湘菜中是不存在的，」他說，「油炸不是傳統的湘菜做法，我用的雞塊也比正常規格要大很多。最初這道菜是典型的湖南風味——重酸、辣、鹹。」〔14〕

彭長貴的專業出身在湘菜廚師中可謂拔尖兒。他於一九一九年出生在湖南省會長沙一個貧困家庭。少年時代，他和父親大吵一架後離家出走。後來在親戚的幫助下，他被曹敬臣納為學徒。而這位曹師傅正是國民黨軍官譚延闓曾經的家廚，後來在長沙開了自己的餐廳。彭長貴聰明勤奮，很快得到師傅的賞識，對他視如己出。

譚延闓是一位受過高等教育的學者型官員，清朝末期開始涉足政壇，在革命時期的國民黨體系中步步高昇。一九二八年，他成為行政院院長，級別相當於一國總理。出身湖南家庭的他，曾經數度出任湖南督軍。〔15〕儘管史書上主要彪炳的是他的政治和軍事成就，烹飪界的人們卻都將他視作「現代湖南高級餐飲之父」。

無論從哪個角度看，譚延闓府上的廚房都是一個孵化烹飪創意的好地方。廚房裡的實際操作由曹師傅統管，譚延闓本人也積極參與其中，對每道菜的烹調方法發出精確的指令，並對成菜進行詳細品評。〔16〕他們創造出的菜品以湖南人的口味為基礎，但融匯了其他菜系的影響，有華東淮揚菜（曹敬臣之前曾在一位江蘇籍官員的府上做過家廚）、華南粵菜（譚延闓的父親曾在南方做過一省總督），以及來自譚延闓政治生涯中曾經任職的多個地方的菜系，比如浙江地區、青島、天津和上海。湘菜中一些著名的宴席菜仍以譚延闓的名字命名，包括「祖庵魚翅」和「祖庵豆腐」。

一般認為，清末和民國時期是湘菜的全盛時期。像譚延闓這樣的高級官員都會僱用頂級廚師到自己的官邸服務，有權有勢的商人們也紛紛仿效。一些廚師曾在生活用度講究的官員家中供職，之後會自己另起爐灶，開面向百姓的餐館。長沙有十家大餐廳酒樓，成為人們口中的「十柱」。到一九三〇年代，省會長沙有四大名廚和很多名菜，據說湘菜甚至還發展出四個衍生菜系，其中之一的「祖庵菜」就是衍生於譚延闓宅邸中發展出來的烹飪風格。〔17〕

一九三〇年代日本侵華以後，彭長貴遷居戰時陪都重慶，在那裡憑著自己的廚藝本事贏得讚譽連連。二戰結束時，他擔任負責國民政府宴席的總廚；一九四九年，毛澤東領導的共產黨在內戰中贏得了勝利，彭長貴隨著國民黨的大部隊逃往臺灣。〔18〕當時有一百五十萬到二百萬人離開大陸〔19〕，包括國民黨的殘餘勢力和隨從，以及有財力移民他處的富人。這其中就有大批的湖南人——在湖南尚武重兵的傳統之下，他們對軍隊有著重大影響；另外還有一些來自中國各地的廚界豪傑。〔20〕

共產黨掌政後對中國大陸的美食造成了毀滅性的影響，一九五〇年代出現了整頓私營企業的政治運動，國家接管了私營部門（包括餐館）。〔21〕眾所周知，這會打壞對廚師和其他員工的激勵，導致餐廳烹飪質量下降。一九五八年的大躍進之後是一場造成三千萬人喪生的饑荒。〔22〕一九六〇、七〇年代，文化大革命掀起對資產階級文化的全面衝擊，餐飲業進一步受創。〔23〕

中國大陸的出版品往往遮掩了當時複雜精巧的烹飪文化幾近崩潰的情況。例如，劉國初對湖南菜歷史的描述，完全沒有提及國共內戰前的民國時期到一九九〇年代之間的歲月（他說，當時湖南菜「又一次飛躍的進步」）〔24〕。一位當地官員給我的一份關於餐飲業的未公開政府文件更能說明問題：文件提到在一九五八年（大躍進那年）「自然資源供應緊張，產品質量下降」。根據同一份文件，文革期間（一九六六至一九七六年）「（餐飲業）管理混亂，生產簡化，一些名店改名，顧客自食其力」。此外，整個行業「被攪亂，一些傳統技藝和專長受到打擊」。〔25〕除了這些暗示，在已經發表的關於飲食和餐飲文化的描述中，在一九三〇到一九八〇年代間的大半個世紀，也存在著一大段的空白。

從一些廚師和老人的口述，佐證了共產政權時期是中國烹飪災難的說法。即使到了一九九〇年代中期，許多較大的餐館仍屬於國營企業，烹飪、裝潢和衛生標準都很差，許多廚師抱怨工作者缺乏激勵，直到九〇年代經濟改革生效後，大陸飲食文化才開始迅速復甦。

當毛澤東瘋狂的經濟政策和他發動的暴力政治運動顛覆中國時，臺灣經歷了經濟繁榮。各地大廚經營的餐廳迎合了思鄉的內地菁英，他們中許多人從未接受過他們已經永遠離開大陸的事實。不同地域的美食在臺灣形成一個縮影，難免也受到一些鄰國的影響。初級廚師在主打不同菜系的餐廳之間流動，思想和技藝不斷相互交流。對比中國大陸的封閉，臺灣人民得以出國旅行，島上的政府與世界接軌。正是在這種背景下，彭長貴發明了左宗棠雞。

這道菜前往美國的路徑十分直截了當。一九七三年，彭長貴去了紐約，在四十四街開了自己在美的第一家餐館。儘管已經享譽臺灣，美國卻沒人聽說過他的大名，也很少有人對並不熟悉的湘菜感興趣。餐館倒閉了，但彭長貴覺得自己不能就此認輸，不甘心捲鋪蓋回家。為別人工作了一段時間後，他攢夠了錢，又在五十二街開了一家美式中餐小館。最終，他回到四十四街自己最初開店的地方，也就是在聯合國總部大樓附近，開了「彭園」[26]。該餐館吸引了聯合國官員的注意，甚至亨利．季辛吉（Henry Kissinger）也大駕光臨，他在推廣彭長貴的創新湘菜上產生了舉足輕重的作用。彭長貴說，「季辛吉每次來紐約都要來照顧我們生意，我們成了老朋友，他讓公眾注意到湘菜。」[27]在臺北「彭園」自己的辦公室裡，彭長貴至今還擺著一個相框，裡面是一張大尺寸的黑白照片，內容為季辛吉和他第一次見面時共同舉起酒杯的合影。

彭長貴師承二十世紀最有創造力和影響力的中國廚師之一，他絕不會死守傳統不放。面對新環境和新顧客，他充分發揮創造力，發明新菜餚、改良老菜餚。「最初的左宗棠雞是湖南口味，沒有加糖[28]，」他說，「但我要給那些不是湖南人的美國人做菜，就把食譜改了。當然，我仍然喜歡過去的風味，辣味、酸味和鹹味，但現在的人們不喜歡了，所以我總是要去改變和改進我的烹飪方法。」[29]

一九八〇年代末期，彭長貴錢賺夠了，「面子」也賺足了，可以風風光光地回家了。他賣掉了所有的產業，回到臺北，在那裡開了好幾家「彭園」的分店。他在紐約的創業過程產生了巨大影響。一九七九年，《紐約時報》餐飲版的一篇文章提到，近年來，湘菜「贏得了許多美國擁躉」，而「紐約曾經最受尊敬的湘菜廚師之一就是彭長貴，他於一九七六年在曼哈頓開了『彭園』」。評論家里德（M.H. Reed）指出：「一些最為有味、有趣的菜都是彭先生的創造發明，是對湘菜風格的巧妙詮釋。」他開出了一系列推薦菜，左宗棠雞赫然在列。〔30〕

左宗棠雞並非傳統湘菜，這一點在另一位湖南籍餐館老闆鍾武雄所著的湘菜譜中，透過某種混亂表現了出來。這本書寫於彭長貴在紐約開餐館後的幾年。鍾武雄的食譜看起來像川菜中的宮保雞丁和左宗棠雞的集合，取了「宮保雞丁」（Kung Pao Diced Chicken）的名，菜餚簡介中說這道菜「誕生於清朝末年，創造者是湖南籍儒將左宗棠的廚師」。簡介裡還講了一件幾乎可以肯定是虛假杜撰的軼事，將左宗棠和四川總督丁寶楨混為一談。〔31〕

彭長貴的廚藝在華僑中有著深遠影響。一位大陸人士以優美的語言形容道，他在紐約成功立業後，湘菜館「如雨後春筍般湧現出來」。〔32〕不僅是左宗棠雞，彭長貴發明的其他菜餚也被廣泛模仿。在香港，廣受歡迎的鴻星連鎖酒家會供應「彭家豆腐」，光從菜名就能看出是直接模仿臺北「彭園」菜單上的那道菜。〔33〕就連在倫敦也有類似情況。不久前還是倫敦市唯一所謂湘菜館的皮姆利科區餐館「湖南」（Hunan），其菜單從很多方面來看顯然都是直接來自臺北「彭園」。〔34〕「我父親帶出了好幾代湘菜廚師，他們又帶了自己的學徒。」彭鐵誠如是說。〔35〕

但如果這是國共內戰結束後才在臺灣誕生的菜餚，那時候的臺灣和中國大陸之間已經互不往來，它又如何能出現在長沙拍攝製作的傳統湘菜展示VCD中（裡面的內容除了這道菜之外都很權威），又為什麼有些著名美食作家會說它是一道傳統湘菜呢？

中國改革開放後，臺灣民眾第一次有了機會重返故鄉。一九八〇年春天，彭長貴回到長沙，和髮妻以及兩個孩子團聚——在國共戰爭尾聲的混亂時局中，他不得已拋下了他們。一九九〇年，他在長沙長城飯店開了一家高檔餐廳，還是叫「彭園」。在長沙逗留期間，彭長貴受到當地廚師和官員的輪流宴請招待，還和童年時代的老朋友、長沙名廚石蔭祥重逢。湖南烹飪協會創始人、詼諧活潑、如今已經年逾七十的大廚楊張猷，還記得當時的所有細節：「我和石蔭祥一起去參加了『彭園』的開業典禮，彭長貴和我們以及所有的頂級廚師坐在一起。彭長貴的兒子之前在大陸成了家，他負責管理餐廳。彭長貴從臺灣帶了兩個廚師過來，餐館菜單上有左宗棠雞這道菜。」彭長貴在長沙的餐館開業時很隆重，卻並不成功，營業大約兩年後就歇業關閉了。「所有的菜都甜了點兒。」楊張猷說。

楊張猷坦承左宗棠雞是彭長貴發明的，跟左宗棠將軍本人毫無關係。「那是在將軍去世多年以後才發明的，」他對我說，「傳說左將軍很喜歡這樣烹製的雞，但我們其實根本不清楚真假。」〔36〕

顯然左宗棠雞是從一九九〇年代早期才逐漸在湖南本土為人所知，但有些本地人還是堅稱這是一道傳統菜餚。與彭長貴、石蔭祥和楊張猷都有私交的名廚許菊雲承認是彭長貴在美國推廣了這道菜，「左宗棠雞」這個菜名可能也是近代的創造發明；但他也極力主張左宗棠的確很喜歡這樣調味的雞。〔37〕許菊雲本人的愛徒吳濤說「聽說過」彭長貴，還說左宗棠雞不是他發明的，而是一道傳統地方菜。「九十年代的時候我們酒家（著名的「玉樓東」）還有這道菜呢，但現在菜單上沒有了，因為不受歡迎。湖南人不喜歡甜味的菜。」〔38〕劉國初也堅持認為這是一道傳統湘菜，歷史可以追溯到清朝末年。〔39〕

這些湖南餐飲界的大人物將左宗棠雞納入他們對當地餐飲傳統的敘述中，所以關於這道菜的傳奇可能會繼續流傳。畢竟，楊張猷和林世德編寫的《湘菜》是經中國烹飪協會權威認證的；劉國初的著作是對湖南烹飪歷史和文化描述得最為詳細的印刷品，寫得最好又最權威；而許菊雲則是同輩人中最知名和最有成就的湘菜廚師之一。

尚未解決的問題是，為何一道已被證明不受湖南百姓青睞、與當地口味也沒什麼密切關係的菜餚，現在正重新被納入當地的飲食文化？筆者認為有以下幾個可能的解釋。

第一個解釋和過去二十年來中國的對外開放有關，也關乎湘菜廚師與餐館日益增多的對外交流。許菊雲曾去過美國，也曾數次前往臺灣〔40〕；劉國初也去過國外。一九九八年，楊張猷帶領一個湘菜烹飪代表團（石蔭祥和許菊雲也在其中）前往香港，在那裡與香港廚師進行了十二天的交流學習，展示了湘菜烹飪技藝。這次訪問有強大的媒體宣傳造勢，他們展示的菜餚中就有左宗棠雞。〔41〕

筆者在前文已經概述了彭長貴和他門下的廚師在國外湘菜推廣事業中的重要性。當中國大陸被自己內部的紛爭所吞噬時，臺灣才是湘菜在香港和美國逐漸知名的源頭推手。正如楊張猷對我所述，左宗棠雞是先出現在香港，之後才在湖南為人所知。〔42〕所以，長沙烹飪代表團前往香港交流學習時，當地的廚師們似乎都理所當然地認為他們能夠演示那道著名的「湘菜」——左宗棠雞。這道菜是湘菜建立國際聲譽的重要基礎，也許拒絕承認這道菜就有些愚蠢了，尤其是在外界對湘菜還知之甚少的情況下；而且如果這樣，香港同行可能會覺得湖南代表團很無知，這顯然是當時內地經濟相對「落後」的代表團希望極力避免出現的敏感情況。〔43〕許菊雲VCD中亮相的左宗棠雞也顯然是面向廣泛的中文受眾；劉國初二〇〇五年出版的著作則主要是為臺灣市場而寫。〔44〕

或許一種文化上的尷尬，是左宗棠雞無聲無息地融入湖南烹飪史的公共敘事的另一個因素。中國在文化大革命的「十年動亂」以及經濟（更不用說烹飪）發展機會的虛擲，是中國許多人痛苦和尷尬的根源。大陸也許很難承認世界上最著名的「湖南菜」是流亡的臺灣國府社會的產物，而不是產自湖南本身，所有這些都暗示了臺灣在整個歷史進程中取得的相對成功。二十世紀，刻意採用這道菜有助於掩蓋中國近代的裂痕，並有助於營造一種歷史延續的感覺。左宗棠雞或許在歷史事實上是虛構的，但在重現湖南烹飪的身分卻是無價的，也許它最終會成為外人所欣賞的湖南菜。

也許在某種意義上，左宗棠雞確實應該在湘菜烹飪史上留名。畢竟，彭長貴是一位出類拔萃的湘菜廚師，他不僅本人是湖南人，而且根據廚界古老的學徒制度，還是曹敬臣的「門生」。一九九三年，《瀟湘風雲人物墨跡畫冊》在北京出版，裡面只提到了兩位前往臺灣的名人，其中之一就是彭長貴，由此可見他在中國大陸是極受尊重的。[45]也應當指出，臺灣在大陸普遍被認為是中國領土的一部分，所以劉國初和楊張猷等人在編寫美食相關書籍時，將一道「中國臺灣湘菜」納入經典湘菜譜系也可能不算什麼嚴重矛盾。鑑於大陸民眾對臺灣的普遍認知、彭長貴無可挑剔的烹飪師承，以及他本人與長沙血濃於水的關係，將左宗棠雞視為湘菜家族的一員，何樂而不為呢？

還值得一提的是，中國的經濟繁榮引發了不同地方菜系的雜糅融合。人們的旅行頻率越來越高，很多地方餐館也會走出家鄉，在中國其他地方開設分店。比如，我最近在四川吃了一頓飯，一桌子菜裡同時包括了川菜、粵菜和湘菜；而近期在長沙一家著名老字號餐館吃的一頓晚飯上，就有來自浙江的菜餚。這讓人想起一九四九年在臺灣出現的交匯融合：當時來自不同地域的廚師突然發現同行們都彙集在一起，距離很近。隨著湘菜越來越國際化，與其他地方菜系的邊界越來越模糊，我們不難設想，總有那麼一天，左宗棠雞不會再是湘菜菜單上的「不和諧音」。

這就把我們帶到了最後一個問題：左宗棠雞到底算不算一道「正宗」湘菜？歸

根結柢，左宗棠雞必須被視為湘菜歷史的一部分。它所講述的故事不同於那些偏遠湖南村莊的吃食，有些地方的烹飪方法千年未變；也不同於誕生在省會長沙的菜餚，那裡在半個世紀的困惑迷茫之後，才正在重新尋找飲食上的立足之地。說到底，左宗棠雞所蘊含的故事，是中國廚界古老的學徒制度以及湘菜烹飪的黃金時代，是湖南人的情懷與鄉愁，是華僑在美國社會的奮鬥立足，也是中國的改革開放與臺灣和大陸的重新建立聯繫。

此外，就算想要尋求一種純粹而本質的湘菜烹飪傳統，也會遭到一個事實不可避免的妨礙，那就是當地菜餚的唯一主要標誌就是辣椒，一個在並不算久遠的過去才來到湖南的墨西哥舶來品。〔46〕如果湖南家家戶戶所做的所謂「正宗」湘菜都沾染了墨西哥的風味，我們又該怎麼去劃定一條嚴格的界線呢？

注釋

1 Hummel（1944）p.762。

2 當地老話說：「無湘不成軍。」

3 書中用的是粵語發音的拼音「chung ton gai」。——譯者

4 Browning, Michael（2002）。

5 Hochman, Eric。

6 Browning, op.cit。

7 湖南省副食品公司、長沙餐飲公司（編）（2002）。

8 石蔭祥（2001）。石蔭祥於一九一七年出生於長沙，曾在湖南省委接待處擔任總廚，也是以這個身分，在毛主席幾次返回故鄉湖南時，負責這位領導人的飲食。

9 林世德、楊張猷（編者）（1997）p.104。

10 劉國初（編者）p.102。

11 火宮殿宣傳冊和火柴盒包裝影集，二〇〇三。這家餐廳以博物館展品的規格陳列了一把看上去平平無奇的扶手椅，因為一九五八年毛主席來此進餐時曾坐在上面。

12 成都市飲食公司川菜技術培訓研究中心（1988）。

13《湖南菜譜》（1976）p.315。

14 筆者採訪彭長貴，二〇〇四年十月十四日。

15 Boorman（1970）pp.220-223。

16 筆者採訪彭鐵誠，二〇〇四年十月十一日；和彭長貴，二〇〇四年十月十四日。另見劉國初（2005）pp.26-27。

17 王興國、聶榮華（編者）（1996），pp.308-309；劉國初（2005）pp.5-6。

18《瀟湘風雲人物墨跡畫冊》，p.347。
19 Roy（2003）p.76。
20 筆者採訪彭鐵誠，二〇〇四年十月十一日；另見Yen（2004）。
21 Gray (1990), Spence (1990)。
22 此係普遍認同的估計，參見Becker (1996)。
23 陸文富〈中國政治動盪對飲食文化影響〉，《美食家》。
24 劉國初（2005）p.6。
25 同一份文件還提到，創辦於一八八三年的著名老字號「甘長順」麵館，在文革開始時曾一度改名為「東方麵館」；另一家餐廳「和記粉館」的招牌在同一時期被「砸」，之後改名為「今勝昔」。
26 筆者採訪彭鐵誠，二〇〇四年十月十一日。
27 筆者採訪彭長貴，二〇〇四年十月十四日。
28 這道菜在臺北「彭園」仍然有供應，沒有加糖，口味深邃、鹹香、微酸，有蒜味，還有一點幽微的煳辣味。光滑的醬汁包裹著香脆的大雞塊，非常美味。
29 筆者採訪彭長貴，二〇〇四年十月十四日。
30 Reed（1979）。
31 Chung（1978）p.66。
32《瀟湘風雲人物墨跡畫冊》，p.347。
33 筆者於二〇〇四年十月在香港鴻星酒家看到的菜單。
34 據我所知，這是倫敦唯一供應某個版本的竹筒雞湯的餐館。這道菜是彭長貴的發明：將雞肉末、豬肉和野味一起熬湯，盛在竹筒裡上桌。這家餐館還會將雞肉末盛在生菜葉做成的杯子裡上桌（這是對彭先生在紐約發明的一道大蝦食譜的變奏）。「湖南」的經理也姓彭，說他的廚藝師承「一位臺灣的湘菜大師」。

35 筆者採訪彭鐵誠，二〇〇四年十月十一日。

36 筆者在長沙採訪楊張猷，二〇〇五年四月十二日和十六日。

37 筆者在長沙採訪許菊雲，二〇〇五年四月十二日。

38 筆者在長沙採訪吳濤，二〇〇五年四月十二日。我第一次在湖南省內吃到左宗棠雞是二〇〇五年四月，那是和楊張猷一起在「玉樓東」吃晚飯時上的一道菜。這道菜不在菜單上，但楊先生發現有個年輕廚師知道配方和做法——他說是從許菊雲那裡學的。他做的那道菜很美味，但是其中的甜味很「不湖南」。

39 筆者在長沙的採訪，二〇〇五年四月十六日。

40 筆者在長沙採訪許菊雲，二〇〇五年四月十二日。

41 筆者在長沙採訪楊張猷，二〇〇五年四月十二日。

42 筆者在長沙的採訪，二〇〇五年四月十六日。

43 想必也是出於這個原因，鍾武雄在自己的湘菜譜（1978）中寫到了左宗棠雞的典故，儘管他顯然不熟悉彭長貴的食譜。

44 劉國初與筆者的私人交流。當然，臺灣讀者很可能在聽聞彭長貴及其餐館大名時，就知道這道菜了。

45《瀟湘風雲人物墨跡畫冊》，p.347。彭鐵誠指出本書中只收錄了兩位前往臺灣的名人。

46 我沒有看到任何研究準確地劃定辣椒開始在湖南被廣泛使用的時間，但四川大學的江玉祥教授認為，辣椒在十八世紀中葉首先在長江下游地區流行開來，十九世紀初成為四川地區的常見作物。那麼我們可以推測，辣椒就是在這兩個時期之間出現在湘菜烹飪中的。見江玉祥（2001）。

參考資料：英文部分

Accinelli, Robert（1996）*Crisis and Commitment*, University of North Carolina Press, Chapel Hill and London.

Becker, Jasper (1996) *Hungry Ghosts*, John Murray, London.
Boorman, Howard L. (ed.) (1970) *Biographical Dictionary of Republican China*, Columbia University Press, New York and London.
Browning, Michael (17 April 2002)「Who was General Tso and why are we eating his chicken?」, *Washington Post*, pF01.
Chung, Henry W. S. (1978) *Henry Chung's Hunan Style Chinese Cookbook*, Harmony Books, New York.
Gray, Jack (1990) *Rebellions and revolutions*, Oxford University Press, Oxford.
Hobsbawn, Eric and Ranger, Terence (eds.) (1983) *The invention of tradition*, Cambridge University Press, Cambridge, 1983.
Hochman, Eric A.,「The definitive General Tso's chicken page」, http://www.echonyc.com/.
Hummel, Arthur W. (ed.) (1944) *Eminent Chinese of the Ch'ing period*, United States Government Printing Office, Washington.
Lu Wenfu, *The Gourmet* (《美食家》), published in English in Chinese Literature, Winter 1985.
Reed, M.H. (14 October 1979)「Keeping the Hunan fires burning」, *New York Times*.
Roy, Denny (2003) *Taiwan: a political history*, Cornell University Press, Ithaca and London.
Spence, Jonathan (1990) *In search of modern China*, W. W. Norton, New York.
Yen, Stanley (29 September 2004)「Taiwan's Global Cuisine」, *Sinorama magazine*, Taipei.

參考資料：中文部分

成都市飲食公司川菜技術培訓研究中心（1988）《四川菜譜》。
火宮殿宣傳冊和火柴盒包裝影集（2003）。
湖南省副食品公司，長沙餐飲公司（編）（1976）《湖南菜譜》，湖南人民出版社，長沙。

湖南省副食品公司，長沙餐飲公司（編）（2002）《湖南菜譜》，湖南科學技術出版社，長沙。
江玉祥（2001）《川味雜考》，收錄於《川菜文化研究》，四川大學出版社，成都。
林世德，楊張猷（編者）（1997）《湘菜》，華夏出版社，北京。
劉國初（編者）（2005）《湘菜盛宴》，嶽麓書社，長沙。
石蔭祥（2001）《湘菜集錦》，湖南科學技術出版社，長沙。
王興國，聶榮華（編者）（1996）《湖湘文化縱横談》，湖南大學出版社，長沙。
《瀟湘風雲人物墨跡畫冊》（1996），北京燕山出版社，北京。
VCD：許菊雲，《許菊雲先生湘菜教學專輯》。

古味古香

（發表於《金融時報週末版》，二〇二〇年八月刊）

四隻羊在烤架上轉動著，濃郁的香氣飄散到遠方，它們的身下是土耳其泛白的土地。我在附近攪動著一大鍋戶外明火上的燉扁豆，煙火與陽光都在發動著猛烈的攻勢。院子裡的一張長桌上已然擺了豐盛的食物：手工鷹嘴豆泥和蠶豆醬、整塊的蜂窩、一疊疊用桶狀饢坑烤的麵包、一堆堆的石榴。從餐桌遠眺，隱約可以看到一座巨大的墳冢，它屬於西元前八世紀薨於此地的一位弗里吉亞（Phrygia）王國統治者——據考證是一位歷史上真實存在過的邁達斯國王（King Midas），或是他的父王。在一群土耳其廚師和美食專家的協助下，我正在盡力重現他的「葬禮盛宴」。

這可不是閒來無事練練廚藝。一九五〇年代，賓夕法尼亞大學博物館的考古學家在戈爾迪翁（Gordion）的古弗里吉亞都城發掘了這個墳墓。雖然這位邁達斯並不是希臘神話中那位點石成金的國王，考古學家們還是在他的墓室中找到了一個寶庫，裡面有大青銅鍋、酒碗和陶罐，包括迄今為止發現的最大的鐵器時代酒具。前來弔唁的人們共享了一場宴會，墓中的器皿裡就有這場宴會的物質殘餘；但墳墓發現的時候相關技術尚未到位，直到四十年後，科學的進步才足以對這些殘餘進行化學分析。到一九九〇年末，賓大博物館的專家完成了分析工作。團隊的領導人是帕特里克·麥戈文（Patrick McGovern），賓博飲食、發酵飲品與健康生物分子考古項目的科學總監，以及《古代釀造：重尋與重造》（*Ancient Brews: Rediscovered & Re-created*）的作者。

麥戈文和他的團隊利用紅外光譜、液相和氣相色譜以及質譜分析等現代科技，檢驗了在青銅器中發現的食物與飲料殘留。他們的結論是，弔唁者們分享的飲品很不一般，是用蜂蜜、葡萄和大麥混合而成的——算是某種蜂蜜酒、葡萄酒和啤酒調的雞尾酒。研究人員不能百分百確定，但他們懷疑裡面還含有番紅花，因為殘留物呈現濃烈的黃色（而且，遠古時代最好的番紅花，有一部分就出產在今土耳其境內）。

考古人員對這些褐色的塊狀食品物質進行了細緻的化學分析，結果表明這是一鍋大燉菜的殘羹。燉菜的主材料是綿羊肉或山羊肉，先在火上進行烤製，使其表面焦化，然後和某種豆類（很有可能是扁豆）及蜂蜜、葡萄酒、橄欖油、小茴香、大茴香等香草或香料一起小火燉煮。

世界各地博物館的館藏中有著眾多的古代飲食遺蹟，戈爾迪翁盛宴是其中之一。很多遺蹟都取自墳墓、商店櫥櫃和沉船遺骸，還有的是十九世紀歐洲探險家在對非西方世界進行探索時蒐集的。最近牛津大學阿什莫林博物館舉辦了一場展覽：「龐貝最後的晚餐」，其中就有碳化的麵包和凝固的橄欖油，其歷史可以追溯到西元七九年：維蘇威火山在那一年爆發，掩埋了龐貝古城。中國西部的阿斯塔納古墓中發現了唐朝（西元六一八－九〇七年）的糕點，已經乾枯粉化，如今藏於大英博物館；同一個墓中還發現了餃子：已經完全乾癟了，但除此之外和你今天能在華北地區吃到的餃子倒很相似。

講點讓人更有胃口的吧：中國湖南省馬王堆漢墓出土的薑豉在約兩千兩百年前就入土陪葬了，樣子看著跟所有中國超市裡賣的沒有任何區別。上個月，首屆牛津線上虛擬食品研討會上，荷蘭食品歷史學家琳達・盧登伯格展示了一張來自牛津皮特・里弗斯博物館（Pitt Rivers Museum）的照片，內容是一塊十九世紀用馴鹿奶做的起司：看上去已經變硬發霉了，但除此之外也是完好無損。盧登伯格是一間虛擬食品博物館的創始人，她正在根據皮特・里弗斯博物館收藏的各種可食用珍品編撰一本食譜，裡面收錄了日本的野生馬鈴薯麵包和蘇門答臘的乾燕窩。

盧登伯格說，十九世紀時有人四處蒐集和食物有關的物件並運往歐洲各個博物館，「這是因為食物被認為是文化的重要組成部分，特別是與特定儀式有關時」。但隨著現代人類學逐漸成型，人們的關注點慢慢從這些實體遺蹟轉移到分析和解讀各個所謂「原始」社會的社會結構上。「大家慢慢脫離了自然科學，於是有機物和可食用物品就與人類學研究無緣了。」盧登伯格繼續說。不過，對食品遺蹟的忽視倒也有個好處：它們存續了下來。「沒有任何博物館保育人員來干預，這些東西就這樣發酵、乾燥、發霉或蒸發：這是一種緩慢的博物館式的保護過程，現在仍在繼續。」盧登伯格說。

如今，可食用藏品在博物館的地位很低，她又補充道，可能是因為「現在的人種學博物館更喜歡將自己的藏品當作『藝術』來展示，而非人種學文物。在這種情況下，一塊年代久遠的馴鹿起司，或是玻璃罐子裡發霉的海參，絕對不如面具或雕塑來得引人入勝」。大英博物館裡的唐朝糕點如今隱於不起眼的深處，參觀者幾乎看不到，而工作人員則將它們親切地稱呼為「果醬塔」。

中國馬王堆漢墓的考古發現中不僅有大量精美編織的絲綢、華麗的漆器和醫學手稿，還有豐富的食物，比如已經乾癟的穀物、蛋、小米糕和野獸與家禽的骨頭。一位貴族的妻子下葬時甚至還要用「最後的晚餐」陪葬：一個漆盤上擺著一碗碗食物、酒以及幾串烤肉串。

這些遺蹟和文字證據一樣，都充分揭示了中國漢朝上層社會的飲食情況。除了歷史和科學方面的重要性之外，食物遺蹟往往會讓博物館參觀者們著迷，和盧登伯格合作皮特．里弗斯博物館食譜的利茲．威爾鼎如是說。「當然，由於博物館中真正的食物本身就很少，所以會給人一種意外的愉悅。除此之外，食物還帶給人一種親切感，有情感上的力量，不管是喚起強烈的愉悅還是厭惡，都能吸引人。」她舉例說，在皮特．里弗斯，參觀者聞到館裡有古代發酵牛奶的味道，「有些人覺得很厭惡，但也促使他們更深入地去了解該物品的背景」。科學的進步讓保存古代飲食遺蹟的價值進一步凸顯。幾年前，我正在一個中國古墓中尋找有關食物遺蹟的資訊，博物館工作人員告訴我，這些遺蹟已經從出土的容器中清理出來，像灰塵或沙子一樣被丟棄了。但根據麥戈文所說，今天，考古學家和博物館負責人都會萬分小心地保存這些材料。

我被邀請去戈爾迪翁墓中感受遠古飲食的奧妙，是在二十年前。當時一家電視公司聘請麥戈文擔任紀錄片《邁達斯國王的盛宴》（*King Midas' Feast*）的科學顧問。他們邀請了我——一個最近出了書、對土耳其也有一定了解的美食作家——來重現那場遠古盛宴。我的嚮導是各種歷史證據，以及一些能提出各種建議的當地專家，包括飲食記者艾琳・奧妮・譚（Aylin Öney Tan）。

麥戈文已經和一位釀酒師合作，重現了葬禮上的飲品：美妙的金湯，用大麥、葡萄和蜂蜜發酵而成。金色來自番紅花。他們使用這種材料，倒不是因為有什麼有力證據證明番紅花在原本飲品中的存在，更多是出於直覺（美國一家手工釀造廠仍然在生產以此為靈感的一款啤酒）。我思考著制定一份符合史實的菜單有多大的可能性，突然好奇古墓中的食物遺蹟味道如何，吃兩千五百多年前煮熟的東西又是什麼感覺。麥戈文和他的同事們竟然從來沒親口品嘗過這些殘渣，我真是萬分震驚，換我這肯定是第一股衝動——可能也正因如此，我才做不了考古學家。我厚著臉皮問麥戈文，有沒有可能嘗一點兒啊？我已經記不得他的回應了。無論如何，他應該都不太可能同意吧。經過熱烈的討論，艾琳和我制定了一個菜單，我們認為鐵器時代弗裡吉亞的農產品與技術都能做這些菜——那時候距離土耳其出現番茄、檸檬、辣椒，甚至是糖等現代食材，還有很久很久。

宴會前夕，我們用鹽、洋蔥、野百里香、蜂蜜、葡萄糖蜜和葡萄酒醃好羊肉，準備將其串上烤肉架，用羊糞點火烤製。我們做了最基礎的鷹嘴豆泥，用的是鹽膚木和醋調味，沒有加檸檬汁，還做了蠶豆醬，加蒔蘿提色提味。第二天一早，我根據麥戈文的建議做了扁豆鍋，加洋蔥、羊尾脂肪、大蒜、茴香籽和葡萄糖蜜調味。麥戈文與合作釀酒師將復刻的葬禮飲品倒入壯觀的大銅鍋，這是安卡拉的銅器商為我們製作的墓中出土青銅器的複製品。

那天下午，包括記者和外交官在內大約一百名的受邀客人紛紛前來赴宴，還有兩百多名好奇的路人。烤好的羊肉被切下來放入扁豆燉鍋，我們在太陽灑下的金輝當中給每個人都分享了吃食。麥戈文、艾琳和我在辛勞工作之後，帶著幸福的疲累，與來訪的大人物們一起，用銅碗痛飲琥珀色的佳釀。

我以為這一天已經棒到極致了。這時麥戈文把我拉到一邊，告訴我他帶來了一個文物罐中的一點殘留物，取樣自那種像蜂蜜酒的飲料。我們倆偷偷溜掉，遠離人群和火堆飄散的煙霧，躲進一個僻靜的涼亭，坐在一張木頭長凳上。麥戈文從口袋裡拿出一個塑膠小藥瓶，我倆瓜分了裡面的東西。有那麼一會兒，我就那麼看著手心裡的顆粒狀碎屑，內心充滿驚奇和敬畏。然後我們彼此看了一眼，各自把碎屑放進嘴裡。

我們的臉龐因為驚喜而發光，因為我們嘗到了那個味道：番紅花的味道，強烈、純正，絕不會錯。我簡直不敢相信。我原本以為吃這些殘渣只會帶來情緒上的波動，但嘗不到任何味道。然而，在墳墓中封存了兩千多年，它們依舊鮮活如此。謎團被解開了——至少我是這麼想的。「現在你知道了，」我興高采烈地對麥戈文說，「到頭來就是有番紅花啊！」他呢，作為一個治學嚴謹的科學家，則非常謹慎地指出，世界會要求拿出更多的證據，而不是兩個人在一個夏日午後的聚會上嘗了食物殘渣並言之鑿鑿就能服眾的。於是，這「天啟」就有了點苦樂參半之感：我們的確嘗到了番紅花的味道，而其他人則可能懷疑這個論斷。

雖然從物理意義上講，我們只是在吃砂礫，但吃這個東西是我一生中最特別也最愉快的美食體驗之一：這提醒我，吃關乎生理，也同樣關乎心理。麥戈文和我，伴著落日坐在那座涼亭下，已經飽餐了一頓烤羊肉鍋、無花果和鷹嘴豆泥，還有蜂蜜酒醇香的滋潤，我們幾乎就是在與鐵器時代弗裡吉亞國王的弔唁者們共享一頓盛宴。我們吃的東西比基督教和中華文明還要古老。番紅花那迷人如歌的香味仍然對我們放聲高唱，如純金一般，無論時間如何流逝，依舊熠熠生輝。

後來，麥戈文和我透過郵件聯繫。我問他，食用考古證據有沒有什麼道德問題。我們在我的慫恿下做出的事情，是否正當？當然，我們只不過吃了一些殘渣，但這算不算對有價值的樣本進行肆意破壞？他回覆說，雖然他通常不建議吃掉證據，但這是個特殊案例。出土的殘渣一共數磅，比他在其他任何考古現場見過的都要多，而且化學分析也已經完成。十九世紀的化學家並不排斥進行感官測試，那麼現代科學家如果最終會從中得到啟發，那為什麼不能偶爾嘗一嘗呢？

自從在安納托利亞度過那個愉快的夜晚之後，我看著櫥櫃裡的番紅花，心中就有了新的敬意。我一直懷疑，我那瓶中國豆豉，要是放在密封罐（或者墳墓）裡，也能保存個兩千年左右。但現在我知道了，運氣好一點的話，番紅花可能會保存更久。這個資訊你可以寫在保存期限上哦。

當代臺灣菜風雲

（發表於《美食雜誌》，二〇〇五年）

在臺灣首都臺北東南面靜謐的山間，沿著一條蜿蜒的山路信步而上，會來到一家叫做「食養山房」的餐廳。那裡十分寧靜，有一串布置簡單的餐室，鋪著榻榻米，相互之間用編織的竹簾隔開，晚上用大量的蠟燭來照明。客人先把鞋子放在門口再進去，在外面的蛙鳴蟬聲中啜飲清茶；因為沒有菜單，你只需要舒服地坐好，廚房端出來什麼，就只管享用。

這裡的食物令人大開眼界且無比美味，因此餐廳的座位經常提前數月就被預訂一空。我這頓八道菜的晚餐，最先上桌的是一個小小的漣漪杯，裡面裝著酸甜梅子醋，喝下之後五感更為敏銳，胃口也被喚醒。一塊涼爽絲滑的豆腐，上面放著海膽刺身和一塊切成楔形且成熟得很完美的酪梨，都以山葵和醬油調味。這菜色看似簡單，卻有精緻可口的風味一層層展開，又與各種口感出乎意料地和諧統一。第二道菜則是傳統臺灣小吃的總匯：小塊豬大腸、炸豆腐、燉鵝、煙燻鯊魚肉、爽脆花枝、炒茄子和尖尖的嫩薑片，都堆起來，撒上經典的路邊攤醬料。其他菜則將在地的當季食材與墨西哥辣椒、酸豆和義大利香蒜醬等調味料結合。這種狂野的創造力很容易顯得突兀，但在這裡卻很成功、很美妙。

這家餐廳是林炳輝的心血結晶。這個五十出頭的安靜男子很容易被誤認為僧人。每道菜都是他親自創製，烹飪方法借鑑了佛教和中國傳統的飲食理論，以及當代的健康飲食理念。「我們擯棄了舊式烹飪的油膩感，向西方的沙拉學習，臺灣街頭小吃、中國地方菜系、日本料理元素、我去國外的旅行經歷，這些都是我借鑑的元素。這裡的食物表達了我自己的哲學。我的菜餚就是我的人生。」林炳輝說。

「食養山房」的菜也講述了臺灣本身層疊交錯的文化故事。這個與福建省隔著一灣海峽相望的小島，曾經是臺灣原住民部落的所在地；經歷幾個世紀的變遷後，從中國大陸來的客家人和福建移民將這裡變成他們的家園。（十七世紀，荷蘭人曾短暫占領過臺灣，而在一六六一年，被來自大陸的移民趕走。）一八九五年中日甲午戰爭結束，日本從中國手中奪走了這座島嶼，對其施行殖民統治，一直到二戰結束。一九四五年日本戰敗後不久，大陸政局動盪，影響一直延伸到臺灣海峽的另一端，島上的文化發生了劇變。

一九一一年，國民黨推翻了中國最後的封建王朝，成立了中華民國。然而，新的國家很快就變得步履蹣跚，迅速衰敗下去：先是淪落到軍閥混戰的局面，接著國民黨和成立不久的共產黨又打起了內戰。一九四九年，毛澤東領導的共軍贏得最終勝利，國民黨殘部逃往臺灣。他們以為這只是暫時的局面，還在謀畫反攻大陸。

包括中國大陸各地的國民黨官員和他們的家眷隨從，多達兩百萬人來到臺灣，這完全改變了臺灣社會的面貌，也改變了臺灣的飲食。國共戰爭爆發的前夕，達官顯貴家中都有私廚，會舉辦豐盛奢華的家宴。這些精英階層逃入臺灣時，也帶來了一些中國最傑出的廚師。亞都麗致大飯店總裁和知名美食家嚴長壽說，「一九四九年以前，臺灣的飲食樸素簡單，而大陸各省的傳統派大廚的到來，引發了一場獨特的革命性變化。這是他們第一次近距離地面對不同的地方菜系風格。臺灣成為中菜的大熔爐，又有著驚人的創新氛圍。」

彭長貴，一個高大莊重的男人，已逾八十高齡，有著一張溫和的笑臉，他是那一代中國大陸移民中碩果僅存的在世大廚之一〔1〕。他和兒子在臺北市中心經營的餐館「彭園」專做口味辛辣的湘菜，那是他的家鄉湖南省的菜系。「彭園」的菜單上有幾道湘菜的標誌性傳統菜餚，包括臘味合蒸、彭家豆腐和東安雞。但彭先生在一九三〇年代就離開了湖南省，「彭園」的大部分菜餚和現代湘菜都沒什麼關係。「我一直愛著老湘菜的風味，那種辣味、酸味和鹹味的結合，」他說，「但我沒有辦法，只能不斷調整和改變自己的烹飪風格，來適應別人的口味。」

彭長貴於一九一九年出生在湖南省會長沙。十五歲時，他離開貧苦的家庭，去國民黨高級官員兼傳奇美食家譚延闓的家廚中工作，而這位譚先生被廣為認定為「湖南高級餐飲之父」。接著他被譚延闓的私廚曹敬臣正式收為學徒。彭長貴說，「日子過得很艱苦，你必須非常努力地工作，贏得師父的尊重。我必須按照老派的禮儀，向我的師父磕頭；不過他倒不會像很多老派廚師一樣打我。我們為整個譚家做每一頓飯，也會操辦最精緻的宴席，做魚翅羹這類菜，那道菜必須要文火慢燉個八到十小時。」

一九三〇年代日本侵華後，彭長貴在戰時陪都重慶工作，憑自己的本事在廚界聲名鵲起，又在政府遷往華東城市南京後負責操辦國宴。他說，在全國各地遷移時，他抓住機會，學習各種地方菜系；等到國民黨最終戰敗時，他已經躋身全中國最頂尖廚師之列。一九四九年和國府一起遷往臺灣後，他開始在私人餐廳與官方宴會上重現大陸的菜餚，並發展出獨樹一幟的湘菜風格。

國共內戰結束，臺灣和大陸之間的大門轟然闔上。共產中國一連開始了階級鬥爭和社會革命，破壞了中國文化的方方面面，包括美食。私人餐館收歸國有，舊的學徒制度被顛倒過來，「資產階級」的高端美食被視為政治嫌疑犯。一九六〇年代初的大饑荒造成約三千萬中國人民死亡，基本糧食的配給制一直持續到一九九〇年代初。在這種動盪的時代背景下，中國大陸餐飲的標準一落千丈。

相比之下，精英飲食文化在臺灣蓬勃發展。一開始，老派的大廚們會為那些鄉愁深重的大陸籍人士做地方菜餚。（這些人中，很多都像彭長貴一樣，將妻兒留在了家鄉，滿心期待著能回到大陸。）斷了根的臺灣版中國地方菜系，以一種與中國大陸完全不同的方式演化發展。初級廚師們在主打不同菜系的餐館之間流動學習，理念與技術不斷交匯融合。對比中國大陸的封閉鎖國，台灣人民能出國旅遊，他們

1 編按：彭長貴先生已於二〇一六年去世，享壽九十七歲。

的島嶼共和國與世界接觸。

國府敗退五十年後，很多臺灣餐廳依然標榜自己專精某個地方菜系，但用的烹飪方法卻很混雜，來自大陸各地，甚至還有日本。陳力榮，一個四十多歲、充滿活力與魅力的男人，是位備受關注的大廚，也是位於臺北行政中心區域「極品軒」餐廳的老闆。餐廳的菜單上有東坡肉這樣的經典菜式，也有百合蝦仁這種比較清淡可口的炒菜。陳力榮學習的是華東傳統烹飪技術，也曾在一個壞脾氣的蘇州籍老師父面前下跪磕頭。但他是土生土長的臺灣當地人，對過去有一種心態健康的不敬。「如今的食客已經不在乎你到底是川菜還是湘菜，他們就想吃好吃的菜。大家已經不追求正宗不正宗的問題了。我師父是按照老派的方法教我的，但我是我們這一代的人。傳統的菜餚很鹹也很油。我做的是現代改良版的華東菜。」

在這樣的文化氛圍下，大部分廚師都已經漂離原地區的根，但也有少數人仍然自視為傳統技藝的守護者。馮兆林是臺北南郊永和「馮記上海小館」的老闆。這家餐館裝潢簡單實用，位於一條不顯眼的小街，卻吸引了獨具慧眼的挑剔主顧們。具有諷刺意味的是，馮兆林偏偏將守舊變成了新奇。他是上海老派本幫菜的忠實信徒，儘管自己出生於臺灣，還在美國生活了十四年之久。「我不是一個有創新精神的廚師，」他謙虛地笑著說，「但我能清楚地記得我的本幫菜師父們教我做的菜。其他廚師前進的時候，我選擇後退，挖掘出屬於過去的菜餚。我也嘗試做出傳統的重口味：如果你下了很大功夫想把老派的食譜改得更清淡健康，那就不是同一道菜了，對吧？」

我在「馮記上海小館」吃的那頓晚餐，是一場非凡的盛宴。首先是特色開胃菜，有飄著淡淡黃酒香的鹽酥蝦、雪菜豆瓣以及涼拌滷水雞。接著廚房就端出了十二道主菜的第一道。主菜中有一道清淡柔和的湯，裡面的魚丸如雲朵一般，漂在新鮮的小青豆、切成細絲的金華火腿和小小的干貝之間；一道濃郁的寧波燒排骨和鰻魚羹；汁水豐富的蘿蔔絲餅被層層疊疊的酥皮包裹；還有一鍋用料豐富的麵條，上面放了一整條東星斑、幾隻螃蟹和其他很多美味的配菜。

如今已經沒有多少廚師能夠憑藉老派中餐將感官震撼到如此地步。很多老牌地方菜系餐館已經關門大吉，或門面顯得破舊過時。老一輩的大陸烹飪大師和他們所服務的思鄉群體正逐漸凋零，年輕的臺灣食客們對外出就餐時健康、衛生與食材來源的要求越來越向西方靠攏，變得更為嚴格，他們認為現代的中國大陸飲食文化並不成熟完善。

等到臺灣民眾終於能夠重返中國大陸時，人們被眼前所見的一切震驚了。一九九三年，在多年於他鄉烹飪上海菜之後，馮兆林去了上海。他很失望：「那裡的食物已經失去了特性，味道很糟糕。我做的菜絕對比你在上海吃到的更傳統。」

夜色尚輕，臺北信義路上的「鼎泰豐」門外已經排起了長隊。一九七三年，國共內戰後遷往臺灣的楊秉彝創辦了「鼎泰豐」。現在負責經營這個產業的是他的兒子楊紀華。店面裝潢很簡單，膠板桌面已經破舊，木頭椅子也嚴重磨損。店內的廚房是開放式的，有大約二十幾位廚師忙忙碌碌，擀皮、填餡兒、包包子，竹編蒸籠一個壘一個，形成高塔，熱騰騰的蒸汽從中冒出來。這家店是專賣上海小籠湯包的，直接端著蒸籠上桌，蘸著醋、醬油和薑絲調成的佐料吃。

楊紀華說，「我們把傳統的包子做得更為細巧精緻。我們不斷在改進配方，也與日本廚師交流，從中學到了很多關於標準化的東西——比如，每個包子都有精確的十八個褶子，重量都是二十一克。」(他把幾個電子秤放到桌上，證明自己沒有吹牛。)「鼎泰豐」獲得了巨大成功，現在已經是個國際品牌，在東京、加州甚至「本尊」上海都有分店。楊紀華對正宗的上海小籠包不以為然。「他們那邊還在採用老一套的方法，那些包子都很油，就像上海的大部分本幫菜一樣。」這種不屑在臺灣廚界隨處可見，不過大家也越來越感覺到，中國大陸正在迎頭趕上。嚴長壽說：「文化大革命毀掉了一代人才，但他們正在迅速恢復，畢竟飲食流淌在他們的血液中，銘刻在他們的記憶裡。」

臺灣廚師們不僅在發展屬於自己的傳統菜餚創新，有些也對獨一無二的「臺灣特性」有越來越強烈的認識，這種特性與島上的主流福建文化緊密相關。臺北北郊的圓山大飯店是一座輝煌壯觀的大型建築物，修建於一九五一年，採用了傳統宮廷風格，這裡是前述餐飲文化轉變的最前線。數十年來，圓山都是舉辦官方宴席的不二之選（一九五〇年代，彭長貴也在這裡掌過勺）：這些宴席總是以高級傳統中餐為基礎，會選用魚翅、海參這類昂貴的食材。但二〇〇〇年陳水扁當選總統後，一切都變了。

陳水扁是土生土長的臺灣人，對臺灣留存的大陸遺產興趣不大。他越來越趨近於宣布台灣獨立，這激怒了北京政府（儘管臺灣自一九四九年以來一直作為主權獨立的國家運作，但中國官方仍然宣稱臺灣是中國的一部分）。而陳總統對臺灣特色的堅持，也體現在他對國宴的要求。在圓山大飯店工作了三十多年的銷售總監王威廉（William Wang）說，「在陳總統的就職國宴上，他堅持要我們使用在地食材，提供的菜色更接近一般普通百姓的餐點。而基於保育的原因，他甚至不讓我們使用魚翅和燕窩。」

「一開始確實很讓人頭疼，」王威廉的同事林希娜（Sheena Lin）說，「我們被要求將臺南的街頭小吃融合進來，但像『碗粿』（蒸熟的米漿）那樣的小吃，就是不適合放在如此重大的宴席上啊。我們必須想辦法，讓它們變得更為精緻，比如用山形碗，讓碗粿倒扣在餐盤上時顯得更優雅。我們也設法讓其他菜餚變得更高級，比如魚丸湯等，我們用了精心熬製的雞湯，還有別的辦法，把那些小吃都變成了宴席菜。」

大多數臺灣人都認為，臺灣美食的核心與靈魂並不在於中國大陸特色的餐館，而在於街市上現做的新鮮小吃，尤其是在曾經的臺灣首府臺南。中午，臺南市中心一家小小的麵館外是挨挨擠擠排隊的人群，店內兩個女人正近乎瘋狂地幹著活，滿足巨大的客流量和點餐量。其中一個把熟麵重新加熱，用竹編的長柄勺子將麵條浸入一深鍋的沸水中。另一個坐在傳統路邊攤後面的小矮凳上，手腳俐落快如閃電，在過水後的麵條上撒上香菜末、肉末、一勺高湯、少許香醋、一點蒜泥，最後再擺一隻熟蝦。一只老式的中國紙燈籠在她們頭頂朦朧地發著光。這家「度小月擔仔麵」於一八九五年起家，創辦者是位在休漁期需要其他營生收入的漁民。這裡最早是個路邊攤，隨著其美味的口碑流傳開來，就有了室內店面，其招牌的麵條已經成為臺南最受喜愛的小吃之一。

臺南人對街頭美食有著無限的胃口。無論走到哪兒，都會有色彩鮮豔的招牌在宣傳著各種誘人的美味：入口即化的蝦卷、加了花生的辣味小魚乾、各種奇異的水果做的鮮榨果汁，還有牛舌餅、烤魷魚……臺南市中心一片熙攘熱鬧的街市中有幾十個小販，生意做得火熱。一個賣的是傳統的碗粿，小碗小碗的米漿，加鹹蛋黃、鮮蝦、干貝和香菇上鍋蒸熟，再加上蒜泥和濃稠香甜的醬油，真是讓人無法抗拒。另一個小販賣的是更為現代的臺南小吃，名字很奇怪，叫「棺材板」，一片片厚厚的吐司麵包經過油炸，挖成盒狀，放入稠滑的雞肉羹。

就在不久之前，如果你想吃上述這些種類的食物，必須去夜市上尋覓，或者受邀到某個臺灣人家裡吃飯。但現在也有很多餐廳開始努力，要在粗獷快捷的南部美食和城市裡那些講究食客的用餐需求之間架起一座橋梁。

創立於一九七七年的「欣葉臺菜」就是其中最著名的一家。開在臺北市中心的最新分店裝潢典雅，鋪了深色的木地板，擺著棕色皮椅，從餐廳的大窗戶可以看到街景。「欣葉」專做本土菜餚，將其進行改良，來滿足現代人的口味。店裡的「菜脯蛋」(「菜脯」就是臺灣方言裡的醃蘿蔔乾)曾經是窮人美食，現在煎成完美的金黃蛋餅，裡頭包著味道強烈的一塊塊鹹蘿蔔粒，讓整道菜顯得生機勃勃。蒸鱈魚片配上「樹子」——當地特產醃製莓果，味道濃郁，鹹與酸甜兼而有之。豆豉與濃稠的腐乳調成滋味豐富的醬汁，配上炒蝦仁，十分美味。甜品有涼爽的杏仁豆腐，口感細膩絲滑，還有裹在花生粉裡的麻糬：這兩種甜品都屬於改良版的傳統小吃。

像「欣葉」這樣的餐廳提供的是自我意識強烈的臺菜，但即便是一些表面上看很「中國大陸」的地方，也都經歷了本土化。這座島嶼非同一般的歷史催生了一種叫人耳目一新的世界性中國文化，很大程度上擺脫了仍然困擾著大陸文化發展的歷史焦慮和民族主義，它也揭示了另一種現代化中國和另類中國菜的可能。

再回到「食養山房」：菜一道一道地吃，具有強烈創新意味的融合菜之後是更為傳統的中國風味。芋泥布丁浸潤在龍眼和冰糖做的深色糖漿中，裝飾上菊花瓣，撫慰脣齒。再來是一道溫和的雞湯，加了各種水生植物：蓮莖、蓮子、菱角。「那些很完美的傳統食譜，就不用再動什麼手腳了，」林炳輝如是說，「我們最後都是上這道湯。就像一個老朋友，充滿了關於臺灣和我們祖先的回憶。所以這一餐就像人的一生，光明鮮亮的青春，馳騁壯遊，最終回到生根的大地。」林炳輝的菜，帶著懷舊情緒與折中主義，既呼應了街頭小吃的喧鬧大膽，又有日式佳餚的含蓄。光影和諧，是對這個不尋常的小島及島上美食最恰切的隱喻。

敢問醬油從何來

（發表於《美味雜誌》，二〇一六年九月刊）

院子裡擺著一排排瓦缸，葉田將其中一個的錐形蓋子搬起來，成熟濃郁、令人陶醉的醬油香味湧了出來。我盡情地呼吸著這香氣，面龐倒映在缸中液體閃閃發光的表面上。葉先生將一把長柄杓伸進缸中蘸了蘸，好讓我嘗嘗。黏稠的黑色液體聚集在杓底，斜面則留下栗色的光澤。眼前這等風味與廉價外賣中配送的那種酸鹹稀薄的小袋裝醬油相比，真有天壤之別。裡頭含著一種深幽而豐富的鮮味，鹽味主打，還有一絲潛甜，發酵過程中又產生了一種尖銳而麻刺的強烈感，襯得所有的味道更加鮮明。

葉先生已到花甲之年，是香港頤和園食品公司的手工匠人。這家公司採用古法手工釀造醬油，不僅在香港是碩果僅存，在全中國範圍內也越來越屬鳳毛麟角。公司偏居於新界元朗，最著名的產品就是高級御品醬油，同時也會生產其他幾種調味品，其中包括我嘗到過的最精緻美味的蠔油。該公司於一九七四年由曾吳希君創辦，她是一名生物化學家，原籍廣州，一九五〇年代從一位福建醬油師傅那裡學會了做醬油的手藝。中國東南部的福建省一直被視作中國最上乘的傳統醬油之鄉。

葉先生說，曾老太不只是做醬油的匠人，更是痴迷於這種調料相關科學、歷史與文化的學者。她全心投入在自家的釀造工藝上，管理公司一直管到八十多歲高齡，協助她的只有葉先生和另一位同事；二〇一二年，她去世了，享年八十七歲。葉先生按照她教授的方法繼續製作醬油，但他說這位老太把她的大部分祕方帶進了墳墓，「我只從她那裡學到一些基礎皮毛，我完全沒有她那樣的深度和專業水準。」葉先生沒有收任何學徒，擔心自己退休後工廠就關閉了。他說現在的年輕人對古法釀造醬油這種艱苦的體力活都不感興趣了。

醬油是原生於中國的調味料，全世界的中餐廚房中都能找到這味調料。儘管確切起源已不可考，但醬油應該是從中國發酵醬料的傳統中演變出來的。這種傳統可以追溯到兩千多年前，但要等到幾個世紀前才變得更為主流和突出。到中國最後的封建王朝，即清朝時期，醬油已經讓所有的競爭對手都黯然失色，成為中餐的核心調味料之一，與鹽、醋、糖、薑和蔥並駕齊驅。中餐烹飪採的是醬油的鹹鮮風味和中國人所說的深紅色。它不僅僅是出現在廚房的調味品，也會擺在餐桌上供人取用，並用以製作醃醬製品的滷水。

中國種植大豆的歷史已經三千多年，大豆的蛋白質含量居可食用植物之首。不過，在原生狀態下，大豆味道難吃、無法消化，除非趁著很嫩的時候趕緊吃掉。中國人一開始將其視作一種主食，只能在長期熬煮成為稀粥狀之後才能吃。然而，時日一久，他們發現巧妙的加工可以釋放蘊含其中的豐富營養：最開始的方式是發酵，後來又把豆子和水一起磨，將溫熱的豆漿凝固後變成豆腐。在中國的餐飲文化中，乳製品幾乎被完全忽視，而一直到不久之前，肉類對於大多數人來說都還是奢侈品。因此大豆成為重要的營養來源，而且大豆經過發酵之後，還能得到和肉類相似的豐富鮮香風味。人們普遍認為，發酵大豆的技術是從更古老的釀酒傳統中脫胎發展而來，而釀酒的基礎是用穀物製成的發酵劑：麴。

醬油的傳統做法，是將黃豆或黑豆浸泡後蒸製，再和小麥粉混合，置於陰暗、溫暖、潮溼的環境下，讓麴黴菌前來落腳「殖民」。接著再將豆子與鹽和水混合，倒入瓦缸中，任其發酵熟成。黴菌產生的酶將豆子的蛋白質分解成美味的胺基酸，油分解成脂肪酸，澱粉分解成糖分。隨著醬料慢慢熟成，進一步的化學反應一連串地發生，創造出豐富多彩的美味。醬油具有怎樣的品質，影響因素之一是原料中大豆和小麥的比例：中國傳統的醬油以大豆為絕對主料，成品較為深幽濃郁；而日式醬油採用的豆子和小麥比例大致相同，因此更輕、更甜、更香。（在香港的釀造工廠，葉先生用的是經典福建配方，大豆和小麥的比例為九比一。）

發酵完成後就進行過濾，液體狀的醬油與固體豆子相分離。古法醬油是在瓦缸中心放入一個竹編的圓筒，並用重物壓實，以防竹筒浮上來。醬油從竹孔中滲出，聚集在竹筒底部，再用長柄杓撈出來。廣東人把頭批比較稀薄的醬油稱為「生抽」，之後比較濃郁的則稱為「老抽」。上市銷售之前，醬油通常要通過巴氏殺菌終止其發酵過程。

中國人製作和食用發酵的濃稠調味品——醬，已經有兩千多年的歷史，從孔子之前的時代便已有之。有個古老的傳說談到，這個傳統來源於中國的一位女神——西王母，是她教會漢武帝製作「連珠雲醬」等奇異醬料的方法。雖然各種醬的實際歷史淵源不詳，但可以肯定的是，醬是中國古代最重要的鹹味調料：古代典籍《周禮》中就提到一百種不同的醬。除了醬，中國古人還喜歡吃豆豉，就是整顆發酵的黑豆，如今還被用來製作豆豉醬。

最初，醬的製作方法是將肉末與酒、鹽和麴（用黴變穀物做成的發酵劑）混合，將混合物封存進瓦缸。發酵完成後，醬就作為配菜或風味佐料使用。隨著時間的推移，大豆逐漸取代肉類，成為製作醬的主要原料；醬出現的地點也逐漸從餐桌變成了廚房。在醬油出現之前，醬都是中餐廚房中地位最高的王者。西元七世紀的史學家顏師古說，醬就是食物之中的將軍（「醬之為言將也，食之有將，如軍之須將，其率領而導之也。」）；後來，醬和柴、米、油、鹽、醋、茶並列為老百姓生活的「開門七件事」。如今，主料為大豆或小麥的多種形式的醬仍然活躍在中國的廚房，但和醬油相比，地位就比較邊緣化了。

醬油這種由大豆在鹽滷中發酵後過濾出來的液體風味十足，它究竟是何時確立了調味品的地位，我們不得而知。其現代名稱「醬油」第一次出現在書面資料中，是十三世紀的一本食譜，作者是宋朝學者林洪。書中有四個食譜用醬油做韭菜、筍和蕨菜等蔬菜的調味品。宋朝末年是烹飪史上輝煌的創新時期，現代中餐的根基從此時開始形成，那時候「醬油」已經成為一個普遍被接受的名稱。接下來的數個世紀中，這個相對資歷較淺的廚房「新貴」開始挑戰醬在中廚中至高無上的地位；到十八世紀末，醬油已是大獲全勝。

醬油還走向了國際，成為日本、韓國和東南亞地區烹飪傳統的支柱之一。十七世紀，荷蘭貿易商開始將日本醬油運往印度，於是醬油也逐漸征服了歐洲人的味蕾。歐洲在認識大豆之前，先認識了醬油；在所有的歐洲語言中，「大豆」（英語中是soybean）一詞都衍生於日語的「醬油」：shoyu。可考證的資料中，西方人第一次提到醬油，是英國哲學家約翰・洛克在一六七九年的日記中說，有種來自東印度的醬，叫「saio（來自shoyu）」。一六八八年，另一個英國人，威廉・丹皮爾船長描述了他在今越南旅行時與醬油的相遇：「有人告訴我，醬油是由魚的某種成分製成的……但我認識的一位先生……告訴我，醬油只是用小麥和某種豆子混合水與鹽做成的。」後來，中國人開始大量向五湖四海移民，醬油也隨之成為全世界都熟悉的調味品。

醬油是現代中餐不可或缺的調味品，不管是平常人家還是專業大廚的廚房都是如此。在中國的很多地方，人們仍然依賴著傳統配方的醬油，就像「頤和園」醬油的配比，主料是大豆，只加一點點的小麥，顏色黑濃、鹽味很重、風味醇厚。相比之下，在南粵地區和散居的華裔社區，人們比較喜歡使用生抽來增添風味和鹹度，只有給菜品上色時才會用到老抽。加醬油製作的菜餚通常會被歸為「紅」菜，因為醬油會增添一點深邃的醬色；而不加醬油烹製的菜品通常屬於「白」或「清」的家族。醬油經常用於調味或蘸料，後者尤其適用於包子、餃子等有餡的麵食。醬油也是整個「紅燒」家族的靈魂調味品，上海和江南地區的「紅燒」特色菜是一絕。

迄今為止入我口腹的紅燒菜中，最好的莫過於杭州「龍井草堂」的出品。該餐廳的經營者是戴建軍，一位高瞻遠矚的企業家。草堂的菜餚只採用西方人口中的有機農產品和手工原料。在餐廳廚房工作的當地資深大廚董金木（現已退休）是紅燒藝術的大師。他教我如何把胖頭魚（大頭鰱）巨大的魚尾變成「紅燒划水」，這是一道經典杭州菜，鮮嫩多汁的魚尾浸潤在一汪閃著光澤的深色醬汁中，讓唇舌感覺到奶油般的柔滑。包括這道菜在內的紅燒菜的祕訣在於，將濃郁的傳統醬油與紹興黃酒、糖混合在一起，再加上蔥薑增香提味。

董大廚也能將一道經典江南家常菜「紅燒肉」做成最受食客歡迎的版本，即五花肉文火慢燉，加上白煮蛋，菜名為「慈母菜」。菜名來源於一個古老的故事，說的是一位母親正等待著進京趕考的兒子回家。盤算著兒子當天該回來了，她在爐子上燉著一鍋紅燒肉等他。但那天他沒有回來。於是她讓那鍋肉慢慢放涼，第二天再度加熱。直到第三天，兒子才到家，那鍋肉已經重複加熱了三次，擁有了無與倫比的深邃風味。對於那位一路風塵疲憊的兒子來說，母親這鍋飄著酒香和醬油香的肉甜美肥厚，正象徵著回家的喜悅。

然而，儘管傳統醬油已經匯入中餐廚房的傳說與語言體系，一九二〇年代以來，一些製造商還是放棄了傳統發酵法，轉而追求迅速的化學加工，生產出了「山寨版」醬油。哈洛德．馬基在《食物與廚藝》（*On Food and Cooking*）中說，他們用鹽酸將脫脂大豆粉分解為胺基酸和糖，再加入鹽和玉米糖漿等添加劑進行中和調味。這些次級替代品一度甚囂塵上，取代了正宗真品；但也有跡象表明，人們對於精緻傳統醬油的興趣正在復甦。「李錦記」和「珠江橋牌」等南粵食界大品牌現在都在生產高檔醬油，濃郁美味，與基礎款有所區別。大陸那些認真嚴肅的廚師常常悲嘆手工食品技術的失傳，然而與此同時，中產階級消費者卻越來越熱衷於購買傳統食品。

讓我們回到香港，葉田對曾老太的醬油廠未來的長遠發展表示悲觀。不過，他和他的同事們正努力將產品銷售到大陸，希望有一天，他們能夠將祕方賣給志同道合的人們，一同守護和發展曾老太的美味遺產。

宮保雞丁的故事

（發表於《洛杉磯時報》，二〇一九年十一月刊）

十九世紀的中國官員丁寶楨（一八二〇—一八六六），他的名字也許大家並不熟悉，但幾乎所有人都應該聽說過他最喜歡的那道菜：宮保雞丁。這道由方正的雞丁和辛辣的辣椒一起炒製而成的菜，是少數菜名並不需要英文翻譯的中國菜之一。

宮保雞丁比左宗棠雞的名氣還大，從中國國宴到「熊貓快餐」〔1〕，菜單上都少不了它的身影。大部分美國人，遲早都會有那麼一次，在客廳打開一個外賣紙盒，看到那些散發著辣椒香味的多汁雞丁。二〇一七年，美國總統川普到中國進行國事訪問，就曾吃過宮保雞丁；中國太空人在太空中也吃過這道菜。然而，儘管宮保雞丁最知名的所屬菜系是川菜，其確切的起源卻仍在激烈爭議之中。

左宗棠雞和其據以命名的湘軍統帥左宗棠之間的聯繫是完全捏造的，但沒人質疑宮保雞丁與丁寶楨的關係。他是清朝的傑出官員，有「太子少保」的榮譽稱號，被尊為「宮保」(字面意思是「宮廷保衛者」)。在輝煌的職業生涯中，丁寶楨曾於中國的幾個地方在任為官：他的家鄉貴州、靠東北的山東，最後是四川，他在那裡度過了生命的最後幾年。這三個地方的人們都深深記得他嗜吃炒雞。當地人分別回憶，他很愛吃這道菜，還經常用以待客。

丁寶楨出生在貴州西部牛場鎮一個鄉紳家庭。在封建科舉考試登科之後，他平息了當地苗民教匪發動的幾次叛亂，因此聲名鵲起。一八六七年，他被任命為山東巡撫，在任上加強了沿海防禦，並促進現代工業，以其前瞻性思維而聞名。最轟動的事件發生在一八六九年：他逮捕了一名來自紫禁城的專橫跋扈的太監(安德海)，後來將其處死，這個故事廣為流傳。

今天，在山東省會濟南，當地還有一家專門紀念他的餐館：舜泉樓。飯店選址於丁寶楨小妾的故居，一座優雅的四合院，坐落於濟南市中心的運河邊。

---

1 Panda Express，美國連鎖餐廳，經營美國化的中式快餐。

飯店裡有個小型展覽，放著一幅丁寶楨身著清朝官服的肖像，附了一段關於宮保雞丁歷史的介紹。介紹裡說，丁寶楨在濟南任上時，成了遠近聞名的美食家，家廚中僱了兩名頂尖的魯菜廚師，用當地的「爆炒」技藝烹製了一道雞肉菜餚。丁寶楨非常喜歡這道菜，每當有貴客上門，他都堅持要上這道菜；而這些貴客中就包括了真正的左宗棠將軍，而不是「左宗棠雞」裡子虛烏有的左宗棠——歷史真奇妙。

二月我在濟南時，資深大廚李建國邀請我去他的餐廳「萃華樓」後廚學習如何做山東版的炒雞肉：醬爆雞丁。後廚一個年輕廚師將切成丁的雞腿肉用鹽、料酒、芡粉和蛋清醃製了一下，然後跟黃豆醬、大蔥段和焯過水的新鮮核桃仁一起炒。那道菜特別美味，但和大家所瞭解的宮保雞丁全然不同。

到四川首府成都就任地方官後，丁寶楨繼續在家宴上用炒雞丁待客。一八七六年，他被任命為四川總督，並一直任此職到十年後仙去。根據濟南的民間傳說，丁寶楨身在四川時，家中的廚師根據當地口味對原菜進行了修改，加了一把把的乾辣椒和花椒，又加了糖和醋，形成令人愉悅的「和絃」。

丁寶楨到成都走馬上任時，辣椒已經在當地飲食中深深紮根了。久負盛名的麻婆豆腐是在十九世紀末誕生的。一九〇八年，一部對成都生活和風俗的調查著作中列出了一系列的辣菜，是當時當地川菜中的保留特色菜，其中包括辣子雞、麻辣海參和酸辣魷魚（不過文中沒有提到宮保雞丁）。

在今天的成都，要做宮保雞丁，就把雞胸肉切成丁，放入熱鍋和乾辣椒、花椒、蔥白、薑片、蒜片、香脆的花生以及一種光亮的醬汁一起炒製。醬汁的酸甜比例經過特別的把握，與荔枝的味道相似，因此被稱為「荔枝味」。層次豐富的複合味以及雖然刺激味蕾卻並不會過於霸道的辣味，是很典型的成都烹飪風格。

這道菜在當地飲食界閃亮登場的具體時間不得而知。一九六〇年出版的最早的官方川菜譜中並沒有宮保雞丁（但奇怪的是，這本書裡收錄了「宮保腰塊」，用的是完全一樣的做法）。著名成都作家李劼人在一九三七年的小說《大波》中提到丁寶楨吃雞的嗜好，並認為宮保雞丁的做法是對丁家鄉貴州一道菜進行了調整的結果：「清光緒年間，原籍貴州的四川總督丁寶楨在四川時喜歡吃他家鄉人做的一種油爍（即炸）煳辣子炒雞丁。」這也許是探究這道菜真正起源的最好線索。

丁寶楨在貴州平遠（今織金縣）的農村長大。他讀書明理，年輕時曾在當地一所書院教書（那裡現在是丁寶楨陳列館，有一尊宮保大人威風赫赫的雕塑）。這座小城慵懶迷人，到了收穫辣椒的季節，鮮紅的辣椒組成一塊塊地毯，鋪在古老的石橋上晾晒，附近還有女人在售賣一塊塊用稻草包著的臭豆腐。和四川人一樣，貴州人愛吃辣椒也是出了名的，但他們最喜歡的辣椒處理方法卻有著獨一無二的地方特色。

製作餈粑辣椒，先將當地品種的皺皮乾辣椒浸泡在熱水中，然後加蒜和薑一起捶打：混合物黏稠如餈粑，故有了這麼奇怪的名字。各種各樣的貴州菜中都少不了餈粑辣椒的身影，包括當地版本的宮保雞丁，名字也和川菜有一字之差，叫「宮保雞」。

一天下午，著有很多食譜的貴州頂尖廚師吳茂釗帶我去吃貴州省會貴陽的宮保雞。我們去的餐廳叫「吳宮保」黔菜館，「宮保」取自菜名，「吳」取自烹製這道菜的大師、已故大廚吳作文，他是該菜館現任總廚的父親。

我們吃了十五道不同的美味佳餚後，主角上桌了：黔式宮保雞。雞丁堆成山，裹在色澤紅亮的餈粑辣椒醬中。和川菜中常用雞胸肉浸在紅油中不同，這裡的宮保雞是用雞腿肉做的，也看不到花生、乾辣椒或花椒。

這道菜的味道非常美妙，辣味溫和不霸道，有一絲恰到好處的酸味。

款待我的吳茂釗說，「你應該吃得出來，我們這道菜有種『醬辣』風味，因為用了甜麵醬和餈粑辣椒，所以成菜味道更純，沒有川菜那種複合味。」

川菜在全國甚至全球的流行，讓成都版的宮保雞丁搶盡了所有的風頭，但貴州人卻對自己的宮保雞十分著迷。這道菜是黔菜「宮保大家族」中的一員，其中所有的菜都要加餈粑辣椒。在「吳宮保」黔菜館，你還能吃到宮保肚片、宮保大蝦球、宮保腰花、宮保豬肝、宮保馬鈴薯片和宮保米粉。

午飯後，吳茂釗和我翻閱了一些他收藏的老黔菜譜，聊了一下宮保雞的前世今生。吳茂釗是個事業有成的廚師，四十多歲，壯實堅毅，短短的平頭，頭髮根根分明，目光炯炯，手上總拿著一根點燃的香菸。我們初次見面，他就對這道菜進行了長篇大論的解說，熱情洋溢、引經據典，還揮舞雙手以示強調；之後，他還不斷給我發微信，繼續講跟宮保雞有關的事情，而且總在午夜之後發。

吳茂釗確信，宮保雞真正的「祖先」是一道民間黔菜「辣子雞」，一道淳樸實誠的燒菜，雞塊不去骨，加餈粑辣椒和甜麵醬烹製。

他猜測，丁寶楨的私廚後來肯定對食譜進行了改良，使其更符合高官顯貴的餐桌。

「丁寶楨肯定是沒有親自做這道菜的，但和所有高官一樣，他在全國各地去赴任的時候，私廚都是隨時跟著的。」吳茂釗說。

「而且，雖然沒有任何文字證據，但他的私廚肯定會在給他炒雞的時候搓點兒餈粑辣椒，」他繼續道，「所以我們應該可以假設這道菜最初的起源是貴州辣子雞，後來因為丁寶楨很出名，才有了今天的名字。丁寶楨攜帶家眷和私廚去中國其他地方赴任，先去了山東，再到四川，可能吃了這道菜的不同版本，根據不同的環境有所調整。」

當然，在丁寶楨生活的時代，辣椒正在逐漸征服中國西南地區：最近出版了一本講辣椒在中國發展歷史的書，認為在丁寶楨出生前一個世紀，貴州人就在使用這種香料了。在丁寶楨四處奔波赴任的一生中，辣子雞是否喚起了他對家鄉味道的回憶？他的私廚們在試圖取悅主人味蕾的同時，是否將這道菜進行了調和，用黃豆醬代替了餈粑辣椒，好適應濟南客人們的口味？到了成都，他們是否又進行了川味的改造，在四川調味技術的影響下賦予其更多的活力？

可以肯定的是，丁寶楨在鎮壓貴州農民起義期間，無論吃了什麼炒雞肉，在當時都不可能被稱為「宮保雞丁」，因為他是在擔任山東巡撫期間才得了「太子太保」的榮譽官銜，被尊為「丁宮保」。也許川菜「宮保雞丁」的得名，也是在一九三七年李劼人的小說出版後，因為那本書讓丁寶楨嗜吃雞肉的故事流傳甚廣。

無論這道菜有何種歷史淵源，丁寶楨這個名字如今已經與這種炒雞肉菜餚的口味緊密聯結在一起，再也不可分割。他是十九世紀末的著名官員，獲得過很多成就，但他嗜吃的名聲早已蓋過其他美名。

在貴陽，我見到了丁迎春，他是丁寶楨的遠房表親，思維敏捷、善於表達，最近剛從建築行業退休。他在城郊有個漂亮的小花園，我們坐在花園中的亭子裡喝茶。之後，丁迎春帶我去了他為丁寶楨建的小祠堂，並和兄弟一起，在這位祖先的畫像前敬香磕頭。

丁家後人對丁寶楨和他的雞肉有一套獨家說辭。他們說，「寶楨公」小時候救了一個掉進河裡的小夥伴，對方的父母為了感謝他，就給他炒了個雞吃——這在當時是非常奢侈的。成年後的丁寶楨無論想去哪裡吃雞都不會囊中羞澀，但他永遠對童年時那道美味雞肉念念不忘。

按照中國傳統，人死後都要回故鄉安葬，但丁寶楨與家鄉早已隔絕。他得到皇上的特許，被埋葬在後來的移居地濟南。今年（二〇一九）六月，那裡的建築工人挖出了丁家的祖墳，那裡在一九五三年被盜墓者洗劫一空。濟南的一位丁家後人、丁寶楨的第六代孫，抓緊這個機會去搶救祖先的遺骨。丁家正在考慮如何處理這些祖先的遺蹟。

在為丁宮保正名的努力之中，丁迎春無疑是個重要人物，他希望祖先的遺骨能夠被送回故鄉貴州。今年他開始在丁寶楨的出生地牛場鎮修建一座紀念祠堂，計畫能在明年寶楨公二百週年誕辰時按時完工。

同時，全世界最愛的菜式之一以祖先命名，他似乎註定要以這種方式永存，這也一直讓丁家後人心滿意足。

尋味朝鮮

（發表於《金融時報週末版》，二〇一七年九月刊）

從中國丹東市越過邊境進入朝鮮（北韓），我很快就嘗到了人生中第一口朝鮮食物。火車駛入新義州站，一群海關人員仔細檢查了我們的各種證件和隨身行李。坐在我對面的中國女人出生在朝鮮，現在是丹東平壤兩頭跑，她收到姐夫從一家新義州餐館送來的一包食物。

火車離站了，她主動提出和我們分享美食。紫菜包飯綿軟溼潤，晾涼的米飯加了芝麻油，還點綴著小塊的牛肉、雞蛋、胡蘿蔔等小點，再用紫菜包起來，非常美味。從新義州去平壤又用了五個小時，我們一路就吃著這些食物，看著眼前慢慢鋪展開來的風景：早春時節，田野基本都光禿禿的，山上的樹被砍光了，道路空無一人。我們不時會瞥見巨大的政治海報凌駕於鄉村廣場之上，還有釘在田野上紅白相間的口號，兩側都有紅旗飄揚。每棟公共建築上都有已故領導人金日成和金正日超現實的面孔。

這是一年多以前的事情，離最近爆發的導彈危機還很遠。

那天晚上，我和旅行團另外九個成員共進晚餐，地點在羊角島酒店。這是一座高高的塔樓，散發著某種來勢洶洶的險惡氣息，煢煢孑立於大同江的羊角島上。之前，我們已經將護照和根本接不通的手機上交給了導遊；大家都有點煩躁，紛紛講著無傷大雅的笑話來緩解緊張氛圍。導遊給我們嚴格的指示：不得使用樓梯，不得擅入酒店的各個場地（停車場除外），不得在我們住的二十二樓以外的任何樓層走出電梯。短短幾個星期前，一位美國學生試圖從某個禁區偷取一條標語橫幅，結果遭到拘留，在電視上淚流滿面地認罪之後，就再也沒人見過他。（二〇一七年六月，在被拘留一年多後，這位名叫奧托・瓦姆比爾〔Otto Warmbier〕的年輕人陷入昏迷被遣送回美國，腦部嚴重受損，並於六天後去世。）

換作平時，我不管旅行到哪裡，在吃這方面都是入鄉隨俗，當地人吃什麼我吃什麼。我會和遇到的每個人討論食物，探尋各種餐館和市場，做大量的筆記。在朝鮮，這樣的機會受到嚴重侷限。

我們的旅程是經過上級部門批准的，高度警惕的導遊隨時形影不離。去尋訪當地人家或在沒人監視的情況下散散步？想都別想。

在朝鮮旅遊，人總為一些小事擔驚受怕：我擔心甚至連有關食物的簡單問題都可能觸及敏感話題，而我通常在筆記本上寫寫畫畫的動作可能引起恐慌。所以，在多年的旅行生涯中，我第一次聽話地遵循定好的套餐，吃下了大部分他們給我的東西，無論是隱喻意義上還是字面意義上。

當然，作為一個專門研究中國菜的廚師和美食作家，我很好奇套餐會是什麼樣子。但好奇心中又夾雜著良心上的不安：這個國家最近才遭受饑荒的蹂躪，食物供應仍然採取配給制度，國民窮苦貧困、營養不良；不知道在這樣一個國家，像我這樣心安理得地準備吃飯，可以嗎？在一九九〇年代後期，至少有數十萬朝鮮人民死於飢餓（有人估計為三百萬），許多倖存者因為長期缺乏食物而永久發育遲緩。當時已故領導人金正日有句口號：「我們可以沒有糖，但不能沒有子彈。」他在人民挨餓的時後仍持續將資金投入軍隊。就在不久前的二〇一七年三月，一份聯合國報告估計，朝鮮有百分之二十的人口依然「沒有糧食安全，且營養不良」。

無論如何，我參加了這趟昂貴的旅行可能已經犯了道德瑕疵，將資金貢獻給一個積極擁核政權的金庫中。（在朝鮮，自由行是不可能的，所以我選了北京一家旅行社，參加了一個五天的旅行團，和一群素不相識的西方人一起旅行。）但我參團的動機並不是純粹的「自我放縱」。飲食文化始終都是政治、經濟和社會變革的反映。我很想看看在一個嚴控的宣傳樣板之旅中，訪問一個獨裁王朝國家的外國客人們會吃到什麼樣的食物。官方會如何宣傳？在一個不僅遭受過饑荒，還曾遭受過日本殖民統治、冷戰衝突、內戰和美國的地毯式轟炸，再加上當前的集權主義、配給制和國際制裁？

那天在羊角島的第一頓晚餐，按當地的標準來說肯定是很豐盛的，但看起來是平平無奇的國際化飲食，沒有體現朝鮮人的愛國之心。我們吃了番茄、小黃瓜和紫包心菜做的沙拉，搭配上面放了煎蛋的綠豆煎餅（bindaetteaok）——這是唯一的當地特色。之後是煎魚、烤雞配馬鈴薯和醃小黃瓜，米飯配胡蘿蔔、豌豆，還有雞湯。我心想，如果這就能代表此行餐飲的風味，那想嘗到真正的朝鮮之味是沒什麼希望了。吃完晚飯，我回到二十二樓的房間，打開窗戶，眺望平壤的風景。江水在酒店所在的羊角島邊流過，形成一把大弓；遠處可以看到「主體思想塔」，紀念金日成提出的「主體思想」，鼓勵朝鮮人民自力更生，塔頂是閃閃發光的紅色「火炬」。

第二天早上，我們的車駛離城市，前往錦繡山太陽宮參觀，在那裡我們瞻仰了金日成和金正日防腐過的遺體。在這樣的一個早晨之後，我們到一家旅遊餐廳吃午飯，在那兒沒有人會因為我們嘻笑或把手插在褲子口袋而責怪我們，這樣的放鬆很受遊客歡迎，那裡的餐食也比前一晚有趣。桌上有一些安全又標準的旅遊食物（炸雞、吃起來像塑膠一樣的法蘭克福香腸和薯條），但也有此行第一次出現的泡菜（撒了辣椒的大片辣白菜）、朝鮮肉餡餃子、辣子炒鴨和燉芋頭。有一盤擠了蛋黃醬裝飾的麵包屑肉卷，我猜這反映了冷戰時期蘇聯的影響。我又在套餐之外為全團單點了幾個特色菜：煎得金黃焦香、內裡柔滑軟嫩的豆腐，塗著厚厚的朝鮮辣椒醬；還有一些綠豆煎餅，每一個都夾了一片香噴噴的肥豬肉。這個餐館裡的其他客人也都是遊客。

旅途就這樣繼續下去。日復一日，我們被帶到各個景點，它們的作用都是介紹朝鮮民主主義共和國的輝煌成就：國家馬戲團、西海水閘、射擊場、革命烈士陵園、朝韓邊境的村莊板門店和非軍事區。平壤地鐵是個建築設計奇蹟，各個地鐵站都裝飾著大吊燈和社會主義寫實風格的壁畫，令人驚歎。平壤本身有著出人意料的吸引力，綠意盎然、樹木成蔭，基本沒有車來車往，遠眺盡是史詩般的景色，還有很多宏偉醒目的紀念碑。它也感覺像是一座悲慘的城市，一座紀念其領導人虛榮心的紀念碑，以及他們為了滿足自己而剝削了一整個國家的意志。在一個接一個的景點，我們受到了導遊的歡迎，他們向我們展示了令人麻木的宣傳廳，用安靜的語調描述了他們領導人的關懷與睿智——無論從刺繡到農業各個方面都是專家。所有這些死記硬背的學習和反芻，背後代表了有多少人類的潛能被這樣浪費掉，實在令人難以理解。一些宣傳手法更是令人難以置信到搞笑的程度，比如被稱為「金日成花、金正日花」的奢華花展。這些光鮮背後的陰暗面總是顯而易見。

我們知道自己正在被投餵一個故事，而食物則是這個故事其中的一部份。要說最真實的朝鮮體驗（至少要走到優越的首都之外），可能會是定量配給的稀少米飯，再加上紅薯以顯得不那麼寒酸，也許還不帶一點兒葷腥。而我們此行每一頓都吃得酒足飯飽。餐食的味道參差不齊，但量總是很豐富。大量的米飯、豬肉、鴨肉和雞肉都在傳遞著一個訊息：「此處無飢餒！」我們像恃寵而驕的小孩一樣，吃著石鍋拌飯和炒蛤蜊，喝著啤酒，在小火鍋裡自己煮吃的，像是「超完美嬌妻」般的女服務員們則載歌載舞，對著客人輕唱。在一家燒烤店，我們利用桌下閃著微光的炭火餘燼，烤著已經醃入味的鴨肉和魷魚：香噴噴的肉，加了香料，抹了醬，包在生菜葉子裡，實在是好吃極了。

餐食是為國家所用的一種文化外交形式。酒店的電梯裡有小小的螢幕，放著劈裡啪啦的烹飪影片，背景音樂活潑愉快。沿著名為「統一」的高速公路去開城（Kaesong）的半路上，路邊有個商店，在向鬧哄哄的中國旅行團兜售當地特產，有著名的高麗參、乾燥松花粉、野蜂蜜和可泡茶的乾果。在平壤的外文書店，我還找到了雙語烹飪手冊，裡面介紹了打糕、朝鮮泡菜、各種麵條和平壤菜餚的做法。其中的內容剔除掉了任何不具革命性的文化背景：沒有經常伴隨著其他地方傳統食譜的民間傳說和歷史，這裡面只有照片、說明與營養建議。其中有一本小冊子，還聲明如下：「在尊敬的領導人金日成同志和偉大領袖金正日同志的英明領導下，歷史悠久的韓國食品獲得了輝煌的發展。這在世界上眾所周知。」

不用說，我們沒有看到貧窮和糧食短缺。而我們也沒有看到自一九九〇年代後期以來，人們用以交易蔬菜和其他商品的市場，哪怕僅只是短暫的一瞥。然而，我們確實去到了一些半私有的餐館用餐，這樣的餐館自二十一世紀初以來間歇性地出現在平壤。（朝鮮現任領導人的姑丈張成澤在二〇一三年遭處決時，被指控的墮落行為中包括「在豪華餐廳的後廳飲酒吃飯」。）我們還參觀了現代化的光復百貨公司，朝鮮的中產階級市民們在裡面購物。他們推著購物手推車，穿過過道，經過進口亞洲商品、當地特產明太魚乾（平壤的一道美食）、朝鮮辣椒醬和燒酒區，擋住了外國遊客的去路。

一天晚上，在朝鮮西海岸南浦的一家溫泉酒店，我們吃完晚飯，聚集在一個水泥棚下，享用著名的火烤蛤蜊。唯一的光照來自我們的車頭燈，而且周圍寒風刺骨。一名當地人帶來了幾十個西海蛤蜊，放在圓形的混凝土平臺上，密密地排成一排。排好之後，他站起來，從一個塑膠瓶中倒出汽油，澆在蛤蜊上，朝著升起的煙霧點火。我們在周圍瑟縮成一團，此時狂野而跳躍的火焰騰空而起，鑽入我們抵禦寒風的外套。火焰漸漸熄滅，蛤蜊也張了口，我在蛤蜊殼裡倒了燒酒，嘗了一兩隻。這些耐嚼的軟體動物散發著煤煙和汽油的味道。

對我來說，此行最大的驚喜是南部的開城，古代高麗王國的首都，「朝鮮」（Korea）這個名字就來源於此。我們參觀了那裡的高麗博物館，那是聯合國教科文組織認證的世界文化遺產地。這裡曾經做過儒學館，像一片悽美的歷史綠洲，安靜的老式建築圍繞著院子，兩側都種著銀杏樹，有舉行婚禮的新人正在擺姿勢拍照，新娘穿著朝鮮傳統的粉色短衣長裙。

之後，我們被帶到一家餐廳，享用朝鮮傳統的皇家午宴。每個人面前都擺著十幾個銅質蓋碗。掀開蓋子後，各種各樣的精緻菜餚映入眼簾：一片片的紫菜、小塊炸魚、鋸齒狀的橡子涼粉、蔬菜燉肉、醃蘿蔔和紅豆湯圓。有幾個人還單點了這裡的其他特色菜，比如被稱為「甜肉鍋」的狗肉湯。接著上燒酒和人參雞湯：一整隻童子雞，肚子裡被塞入糯米、果乾和一根著名的高麗參，熬出美味的濃湯。同一條街上還有十分破舊的住宅，住在那裡的當地人也會到這裡吃飯嗎？可能不會吧。相對於當地人的收入，外出就餐的花費無異天文數字。然而，這頓飯裡蘊含著更為悠久的朝鮮歷史，竟帶給我一種奇異的感動。

回到平壤，我們被帶到一家酒吧，在晚飯之前先來一杯。下午五點剛過，酒吧人滿為患。三五成群的當地人（多數是男人）圍站在高高的圓桌前，手拿大杯的黑麥大麥啤酒，是當地小型啤酒廠釀製的（朝鮮從日本占領時期就開始釀造啤酒了）。每個人都配戴了兩位已故前領袖的別針。融入其中互相閒聊這種行為是否得到許可，我們拿不定主意。

破冰的是我們團裡的一個美國人，他不顧自家政府直截了當的建議，還是跑來朝鮮旅遊。此人聰明、親和又善於交際，主動要和一個當地男人拚酒。沒過多久，我、他，還有團裡的一個導遊就和這個朝鮮男人及其酒友們打得火熱，謹慎而放鬆地「眉來眼去」，無聲地開著玩笑。他們略帶羞澀地與我們分享自己的小吃，教我們如何把明太魚乾撕成細條蘸辣椒粉吃。這種場面既稀鬆平常（度假時在酒吧喝酒，與當地人閒聊），又充滿顛覆感（去平壤的酒吧，與朝鮮人閒聊）。

平壤最著名的美食要數蕎麥冷麵。最後一天的安排讓我很高興，大家去了著名的「玉流館」。它坐落在大同江畔，雄偉壯觀、精緻典雅，牆面刷得粉白，新傳統主義風格的屋頂鋪著綠瓦。有人領著我們走上寬大的木臺階，來到明亮的餐廳，幾桌衣冠楚楚的當地人已經坐定吃午飯了。我早就聽說過這家餐廳有很多當地的美味佳餚，但給到我們手裡的配圖菜單很短，上面看著最有趣的「鱘魚軟骨湯」，餐館也表示不賣。但這些都沒關係，因為我們是來吃冷麵的。根據我瞭解的資訊，冷麵最好是中午吃。

冷麵上桌了，賣相特別好，味道也是我從前嘗所未嘗的。我們面前擺著高腳銅碗，碗裡盛著清澈的肉湯，裡面堆著透明光澤的細麵。麵是由蕎麥及其他澱粉製成的，配上齊齊整整切成細絲的朝鮮泡菜、亞洲梨、黃瓜、熟牛肉、雞肉和豬肉。我聽從一位導遊的建議，吃之前往碗裡加了少許米醋。麵條涼爽，叫人回味，在唇齒之間纏綿筋道：我彷彿在品味一首詩。

離開朝鮮和來朝鮮一樣，都是坐火車。我用外匯換來一場離奇夢幻又擔驚受怕的探險。我很合作，按照要求在特定時間表現得崇敬尊重，也不提叫人尷尬的問題。拋開一切的立場道德，我是被這種獨特經歷的樂趣引誘而來的。但我還是和幾個朝鮮人分享了明太魚乾，開了並未說出口的玩笑，與隨隊導遊進行了友好交流，帶著對這個國家更深切的興趣離開。現在的我，看到有關朝鮮的新聞時，目光更為關切了。

說到飲食，和旅途開始時相比，我仍然對朝鮮老百姓的日常飲食一無所知。但我感覺自己多少了解了一些朝鮮的飲食文化，品嘗到的菜餚代表了一種共同的特性，跨越了重兵把守的邊境和非軍事區。在朝鮮的土地上，我吃了石鍋拌飯、綠豆煎餅、要用到十幾只黃銅碗的皇家盛宴、狗肉鍋、人參雞湯，還有最特別的平壤冷麵。這趟旅程中的菜餚顯然體現了某種超越政治的東西，它遠早於當今的政權，且還會持續到更久。

譯後記：尋味東西，正南齊北

扶霞一年有至少一半時間都在中國。

不僅在她的「第二故鄉」成都，還天南地北地跑，去觀察研究中餐各菜系的最新發展（一言以蔽之：到處吃飯）。有時候恰巧我也在同一地，兩個「吃貨」就自然地約個飯，對每個菜品一本正經地點評一番，或者埋頭飽餐一頓。如果遇到她長居成都，我們更是隔三差五地約早中晚飯，分別的時候我總囑咐她：「你多寫哦，寫完我來翻。」

最近兩年她來不了，我外出就餐時少了這個飯友，挺不習慣的。飯友好找，扶霞難得。不僅因為她比我更瞭解從成都到全國「自上而下」的各類館子，「卡卡角角」

（四川話念「ka ka guo guo」，「犄角旮旯」的意思）的地方她都記在小本子上，根本不用求助於點評網站。還有跟她吃飯特別單純：吃的是美食，聊的也是。譯她的書，看她的文章，跟她線下線上地聊，我自以為很瞭解她了，竟然每次吃飯還是能聽到她發表關於美食的新見解，和一些我第一次聽到的有趣故事——很久以前的，剛剛發生的——她總在經歷，也總在表達。

還有專屬於我們的一些默契。比如一起吃火鍋，點菜時我們會不約而同地第一個喊出「鴨腸！」；餐桌上有腐乳，我們會相視一笑說「Say cheese!」（我們總覺得腐乳和起司是相隔異國的「姐妹」）。吃一筷子油渣蓮白，我們會前後腳地說：「這油渣不夠脆。」一盤菜上桌，我們嘗一筷子，然後抬頭，說出提味的關鍵是味精還是高湯……她說我們是「國際辣妹子聯盟」的盟友，我覺得她笑起來脣角就像包得特別漂亮的蝦餃邊。能這樣吃飯，是「吃貨」的人生樂事之一，畢竟每一餐飯對於我們來說都相當重要。飯友投契與否，其重要性不啻長途旅行中的同伴。

這樣的飯友如今和我遠隔重洋，我很想念她。

好在，人離得遠，文字卻在身邊。翻譯這本《尋味東西》，就像和扶霞在滿世界地吃飯旅行。從前向人推薦扶霞作品的中文版，我總要回答一個問題：為什麼中國人需要看一個英國人寫的中國美食？這本文集則不需要。原來美食江湖上的這位女俠，不僅浪跡華夏大地，還撒開了在整個地球飛來飛去。「我來，我看，我征服」，在她這兒是「我看，我吃，我寫下」。

文集裡的每個篇章都為我開啟了一扇新世界的大門，從美食寫到情感、歷史、文化……萬事萬物，古今中外，各種精彩的故事與見解，各位已經看過，在此我不必贅述。只說翻譯這本書的過程，也和《魚翅與花椒》一樣，開心又過癮〔1〕：我總是興奮地發其中節選的段落給朋友，比如她從考古挖掘出的殘跡中品嘗到數千年以前的番紅花，實在是太浪漫了……我翻譯完就迫不及待地把這個故事複述給朋友，我倆一致覺得這整件事情就像一首帶著煙火味的宏大史詩，光想想就值得在星空下來上一舞。

川蜀之地有句方言叫「正南齊北」，大致意思是「嚴肅認真，不開玩笑」。比如，「正南齊北地說，何雨珈是個大美女。」扶霞尋味東西的旅程，樂趣多多，也「正南齊北」。她飽含赤子般的好奇、天真與浪漫，美食家對人間煙火的熱愛，研究者深入田野又刻讀資料的嚴謹執著，以及一個可愛人類的親切與美好。她擁有在中西文化的海洋中尋找交融之處的有利位置與高超水性，也有在文化差異的壁壘之間碰撞的勇氣。拋開我對她的友愛來客觀評價，我並不覺得她在哪一個方面做到了頂尖，但種種特質綜合起來，扶霞是中外美食界絕無僅有的奇女子，至少在我心裡是這樣。尤其當物理上的移動空間受到限制時，最要感謝她的文字，讓我的心神遊遍五湖四海世界，上下沉浮千年；如她所願，這些文字成為我奉為珍饈的精神食糧。

其實，這兩年扶霞比我更不習慣。她在倫敦的公寓廚房裡供著灶王爺，放著各種中餐美食書，有萬般齊備的中餐烹飪用具，家附近的中國超市也很容易買到中餐食材，幾乎每天都做中餐吃。就這樣，她還是總跟我抱怨：「從二十多歲以後，我就從來沒有離開中國這麼長時間！」「我的中文缺乏練習，都說得不好了！」「再不來中國我都要瘋了！」

而我這個損友就比較「缺德」一點，用以回應的，總是幾張最近下館子的美食照片，聊解這位「英國人，中國魂」的遙遠鄉愁，也引來更瘋狂的回覆：「你怎麼這樣！我好嫉妒你！」

這兩年，承蒙讀者厚愛，常遇到有人當面稱讚《魚翅與花椒》翻譯得很好，我

1 編按：此指上海譯文出版社的簡體中文版，臺灣繁中版《魚翅與花椒》譯者係鍾沛君，貓頭鷹文化出版。

總會解釋：「是原文就寫得特別好，我只是鸚鵡學舌，恰巧學到了很動聽的聲音。」這不是謙虛，是「正南齊北」的真心話。算上這一本，我已經翻譯過扶霞的四本作品了：兩本飲食文化札記，另外兩本算是以食譜為主的地方飲食百科。在翻譯每一本的過程中，我們都保持著密切的聯繫，有時候會一起商量如何將一段文字以更適宜恰切的方式呈現給中國讀者。以我有限的認知，這絕對是很難得的翻譯經歷，於自己微茫的譯事生涯，更是大幸。

唯有祈願以後能多一點這樣的幸運。這是督促扶霞繼續寫下去的意思，你寫完，我來翻，正南齊北的！

何雨珈

二〇二一年冬

文章首次發表刊物及日期一覽表

EAST WEST

Culture Shock — *Gourmet Magazine*, August 2005

The UK's Chinese food revolution — *Observer Food Monthly Magazine*, September 2019

Unsavoury characters — *Financial Times Weekend Magazine*, August 2008

The finest Chinese delicacies — duck's tongue, fish maw and chicken's feet — *Financial Times Weekend Magazine*, March 2019

Kung Fu chicken — *Lucky Peach* Issue 22, Spring 2017

London Town — *Lucky Peach* Issue 5, Fall 2012

The right way to order Chinese food: it's all in the balance — *Financial Times Weekend Magazine*, September 2019

How to drink wine with Chinese food this new year — *Financial Times Weekend Magazine*, January 2020

Global menu: Kicking up a stink — *Financial Times Weekend Magazine*, May 2011

China's artisanal food producers — *Financial Times Weekend Magazine*, 2010

STRANGE TASTES

Spoon fed: how cutlery affects your food — *Financial Times Weekend Magazine*, May 2012

The stinky delights of Shaoxing — *Financial Times Weekend Magazine*, June 2012

Dick Soup — *Lucky Peach* Issue 8, April 2014

In Beijing, it's too hot for dog on the menu — *New York Times*, August 2008

Some like it raw — (unpublished)

HEART AND STOMACH

Dining alone at the Grand Central Oyster Bar — *Financial Times Weekend Magazine*, 2008

Best way to a man's heart? — *Financial Times Weekend Magazine*, 2007

Encounter with a gastro-nihilist — *Financial Times Weekend Magazine*, 2005

How to raise an omnivore — *Financial Times Weekend Magazine*, November 2018

FOOD HISTORY

The strange tale of General Tso's chicken — "Authenticity in the Kitchen", *Proceedings of the Oxford Symposium on Food and Cookery*, 2005

A taste of antiquity: what's it like to eat 2, 500-year-old food? — *Financial Times Weekend Magazine*, August 2020

The food of Taiwan — *Gourmet Magazine*, 2005

The rise (and potential fall) of soy sauce — *Saveur Magazine*, September 2016

Kung pao chicken's legacy, from the Qing Dynasty to Panda Express — *Los Angeles Times*, November 2019

Eating in North Korea: "We were being fed a story" — *Financial Times Weekend Magazine*, September 2017

尋味東西

最懂中國菜的英國美食作家，
打破美味偏見的真心話與大冒險

Fuchsia Dunlop
COLLECTED ESSAYS

尋味東西／扶霞．鄧洛普（Fuchsia Dunlop）著；何雨珈譯.－初版.－臺北市：麥田出版：英屬蓋曼群島商家庭傳媒股份有限公司城邦分公司發行，2022.11
面；14.8×21公分
譯自：Collected essays.
ISBN 978-626-310-323-8（平裝）
1.CST: 飲食　2.CST: 文集
427.07　　111014759

印　　刷　前進彩藝
書封設計　莊謹銘
電腦排版　黃暐鵬
初版一刷　2022年11月

定　　價　新台幣340元
I S B N　978-626-310-323-8

作　　者　扶霞．鄧洛普（Fuchsia Dunlop）
譯　　者　何雨珈
責任編輯　何維民
版　　權　吳玲緯
行　　銷　闕志勳　吳宇軒　陳欣岑
業　　務　李再星 陳紫晴 陳美燕 葉晉源
副總編輯　何維民
總 經 理　陳逸瑛
發 行 人　凃玉雲

出　　版

麥田出版
台北市中山區104民生東路二段141號5樓
電話：(02) 2-2500-7696　傳真：(02) 2500-1966
麥田部落格：blog.pixnet.net/ryefield
麥田出版Facebook：www.facebook.com/RyeField.Cite/

發　　行

英屬蓋曼群島商家庭傳媒股份有限公司城邦分公司
地址：10483台北市民生東路二段141號11樓
網址：http://www.cite.com.tw
客服專線：(02)2500-7718; 2500-7719
24小時傳真專線：(02)2500-1990; 2500-1991
服務時間：週一至週五 09:30-12:00; 13:30-17:00
劃撥帳號：19863813　戶名：書虫股份有限公司
讀者服務信箱：service@readingclub.com.tw

香港發行所

城邦（香港）出版集團有限公司
地址：香港灣仔駱克道193號東超商業中心1樓
電話：+852-2508-6231　傳真：+852-2578-9337
電郵：hkcite@biznetvigator.com

馬新發行所

城邦（馬新）出版集團【Cite(M) Sdn. Bhd. (458372U)】
地址：41, Jalan Radin Anum, Bandar Baru Sri Petaling, 57000 Kuala Lumpur, Malaysia.
電話：+603-9057-8822　傳真：+603-9057-6622
電郵：cite@cite.com.my